Prunus

"十三五"国家重点图书出版规划项目
"中国果树地方品种图志"丛书

中国李
地方品种图志

曹尚银　曹秋芬　孟玉平　谢深喜　等　著

中国林业出版社

"十三五"国家重点图书出版规划项目
"中国果树地方品种图志"丛书

Prunus

中国李
地方品种图志

图书在版编目（CIP）数据

中国李地方品种图志 / 曹尚银等著.—北京：中国林业出版
社，2017.12
（中国果树地方品种图志丛书）

ISBN 978-7-5038-9395-7

Ⅰ.①中… Ⅱ.①曹… Ⅲ.①李—品种—中国—图集
Ⅳ.①S662.302.92-64

中国版本图书馆CIP数据核字(2017)第302732号

责任编辑： 何增明　张　华
出版发行： 中国林业出版社（100009 北京西城区刘海胡同7号）
电　　话： 010-83143517
印　　刷： 固安县京平诚乾印刷有限公司
版　　次： 2018年1月第1版
印　　次： 2018年1月第1次印刷
开　　本： 889mm×1194mm　1/16
印　　张： 16
字　　数： 500千字
定　　价： 248.00元

《中国李地方品种图志》
著者名单

主著者： 曹尚银　曹秋芬　孟玉平　谢深喜

副主著者： 邓　舒　王亦学　张静茹　房经贵　李好先　李天忠　尹燕雷

著　者（以姓氏笔画为序）

卜海东	于　杰	于丽艳	于海忠	上官凌飞	马小川	马和平	马学文	马贯羊	马彩云
王　企	王　晨	王文战	王圣元	王亚芝	王亦学	王春梅	王胜男	王振亮	王爱德
王斯好	牛　娟	尹燕雷	邓　舒	卢明艳	卢晓鹏	兰彦平	纠松涛	曲　艺	曲雪艳
朱　博	朱　壹	朱旭东	刘　丽	刘　恋	刘　猛	刘少华	刘贝贝	刘伟婷	刘众杰
刘国成	刘佳梦	刘春生	刘科鹏	刘雪林	次仁朗杰	汤佳乐	孙　乾	孙其宝	孙海龙
纪迎琳	严　萧	李　锋	李天忠	李永清	李好先	李红莲	李贤良	李泽航	李帮明
李晓鹏	李章云	李馨玥	杨选文	肖　蓉	吴　寒	吴传宝	邹梁峰	冷翔鹏	宋宏伟
张　川	张　懿	张久红	张子木	张文标	张伟兰	张全军	张冰冰	张克坤	张利超
张青林	张建华	张春芬	张俊畅	张艳波	张晓慧	张富红	张静茹	陈　璐	陈利娜
陈英照	陈佳琪	陈楚佳	范宏伟	罗正荣	罗东红	罗昌国	岳鹏涛	周　威	周厚成
郑　婷	郎彬彬	房经贵	孟玉平	赵弟广	赵艳莉	赵晨辉	郝　理	郝兆祥	胡清波
钟　敏	侯丽媛	俞飞飞	姜志强	姜春芽	骆　翔	秦　栋	秦英石	袁　晖	袁平丽
袁红霞	聂　琼	聂园军	贾海锋	夏小丛	夏鹏云	倪　勇	徐小彪	徐世彦	徐雅秀
高　洁	郭　磊	郭会芳	郭俊英	郭俊杰	唐超兰	涂贵庆	陶俊杰	黄　清	黄春辉
黄晓娇	曹　达	曹尚银	曹秋芬	戚建锋	康林峰	梁　建	梁英海	葛翠莲	董文轩
董艳辉	敬　丹	韩伟亚	谢　敏	谢恩忠	谢深喜	廖　娇	廖光联	谭冬梅	熊　江
潘　斌	薛　辉	薛华柏	薛茂盛	霍俊伟					

总序一

Foreword One

　　果树是世界农产品三大支柱产业之一，其种质资源是进行新品种培育和基础理论研究的重要源头。果树的地方品种（农家品种）是在特定地区经过长期栽培和自然选择形成的，对所在地区的气候和生产条件具有较强的适应性，常存在特殊优异的性状基因，是果树种质资源的重要组成部分。

　　我国是世界上最为重要的果树起源中心之一，世界各国广泛栽培的梨、桃、核桃、枣、柿、猕猴桃、杏、板栗等落叶果树树种多源于我国。长期以来，人们习惯选择优异资源栽植于房前屋后，并世代相传，驯化产生了大量适应性强、类型丰富的地方特色品种。虽然我国果树育种专家利用不同地理环境和气候形成的地方品种种质资源，已改良培育了许多果树栽培品种，但迄今为止尚有大量地方品种资源包括部分农家珍稀果树资源未予充分利用。由于种种原因，许多珍贵的果树资源正在消失之中。

　　发达国家不但调查和收集本国原产果树树种的地方品种，还进入其他国家收集资源，如美国系统收集了乌兹别克斯坦的葡萄地方品种和野生资源。近年来，一些欠发达国家也已开始重视地方品种的调查和收集工作。如伊朗收集了872份石榴地方品种，土耳其收集了225份无花果、386份杏、123份扁桃、278份榛子和966份核桃地方品种。因此，调查、收集、保存和利用我国果树地方品种和种质资源对推动我国果树产业的发展有十分重要的战略意义。

　　中国农业科学院郑州果树研究所长期从事果树种质资源调查、收集和保存工作。在国家科技部科技基础性工作专项重点项目"我国优势产区落叶果树农家品种资源调查与收集"支持下，该所联合全国多家科研单位、大专院校的百余名科技人员，利用现代化的调查手段系统调查、收集、整理和保护了我国主要落叶果树地方品种资源（梨、核桃、桃、石榴、枣、山楂、柿、樱桃、杏、葡萄、苹果、猕猴桃、李、板栗），并建立了档案、数据库和信息共享服务体系。这项工作摸清了我国果树地方品种的家底，为全国性的果树地方品种鉴定评价、优良基因挖掘和种质创新利用奠定了坚实的基础。

　　正是基于这些长期系统研究所取得的创新性成果，郑州果树研究所组织撰写了"中国果树地方品种图志"丛书。全书内容丰富、系统性强、信息量大，调查数据翔实可靠。它的出版为我国果树科研工作者提供了一部高水平的专业性工具书，对推动我国果树遗传学研究和新品种选育等科技创新工作有非常重要的价值。

中国农业科学院副院长
中国工程院院士　　　吴孔明

2017年11月21日

总序二

Foreword Two

　　中国是世界果树的原生中心，不仅是果树资源大国，同时也是果品生产大国，果树资源种类、果品的生产总量、栽培面积均居世界首位。中国对世界果树生产发展和品种改良做出了巨大贡献，但中国原生资源流失严重，未发挥果树资源丰富的优势与发展潜力，大宗果树的主栽品种多为国外品种，难以形成自主创新产品，国际竞争力差。中国已有4000多年的果树栽培历史，是果树起源最早、种类最多的国家之一，拥有世界总量3/5果树种质资源，世界上许多著名的栽培种，如白梨、花红、海棠果、桃、李、杏、梅、中国樱桃、山楂、板栗、枣、柿子、银杏、香榧、猕猴桃、荔枝、龙眼、枇杷、杨梅等许多树种原产于中国。原产中国的果树，经过长期的栽培选择，已形成了生态类型众多的地方品种，对当地自然或栽培环境具有较好的适应性。一般多为较混杂的群体，如发芽期、芽叶色泽和叶形均有多种变异，是系统育种的原始材料，不乏优良基因型，其中不少在生产中还在发挥着重要作用，主导当地的果树产业，为当地经济和农民收入做出了巨大贡献。

　　我国有些果树长期以来在生产上还应用的品种基本都是各地的地方品种（农家品种），虽然开始通过杂交育种选育果树新品种，但由于起步晚，加上果树童期和育种周期特别长，造成目前我国生产上应用的果树栽培品种不少仍是从农家品种改良而来，通过人工杂交获得的品种仅占一部分。而且，无论国内还是国外，现有杂交品种都是由少数几个祖先亲本繁衍下来的，遗传背景狭窄，继续在这个基因型稀少的池子中捞取到可资改良现有品种的优良基因资源，其可能性越来越小，这样的育种瓶颈也直接导致现有品种改良潜力低下。随着现代育种工作的深入，以及市场对果品表现出更为多样化的需求和对果实品质提出更高的要求，育种工作者越来越感觉到可利用的基因资源越来越少，品种创新需要挖掘更多更新的基因资源。野生资源由于果实经济性状普遍较差，很难在短期内对改良现有品种有大的作为；而农家品种则因其相对优异的果实性状和较好的适应性与抗逆性，成为可在短期内改良现有品种的宝贵资源。为此，我们还急需进一步加大力度重视果树农家品种的调查、收集、评价、分子鉴定、利用和种质创新。

　　"中国果树地方品种图志"丛书中的种质资源的收集与整理，是由中国农业科学院郑州果树研究所牵头，全国22个研究所和大学、100多个科技人员同时参与，首次对我国果树地方品种进行较全面、系统调查研究和总结，工作量大，内容翔实。该丛书的很多调查图片和品种性状资料来之不易，许多优异、濒危的果树地方品种资源多处于偏远的山区村庄，交通不便，需跋山涉水、历经艰难险阻才得以调查收集，多为首次发表，十分珍贵。全书图文并茂，科学性和可读性强。我相信，此书的出版必将对我国果树地方品种的研究和开发利用发挥重要作用。

中国工程院院士　束怀瑞

2017年10月25日

总 前 言

    果树地方品种（农家品种）具有相对优异的果实性状和较好的适应性与抗逆性，是可在短期内改良现有品种的宝贵资源。"中国果树地方品种图志"丛书是在国家科技部科技基础性工作专项重点项目"我国优势产区落叶果树农家品种资源调查与收集"（项目编号：2012FY110100）的基础上凝练而成。该项目针对我国多年来对果树地方品种重视不够，致使果树地方品种的家底不清，甚至有的濒临灭绝，有的已经灭绝的严峻状况，由中国农业科学院郑州果树研究所牵头，联合全国多家具有丰富的果树种质资源收集保存和研究利用经验的科研单位和大专院校，对我国主要落叶果树地方品种（梨、核桃、桃、石榴、枣、山楂、柿、樱桃、杏、葡萄、苹果、猕猴桃、李、板栗）资源进行调查、收集、整理和保护，摸清主要落叶果树地方品种家底，建立档案、数据库和地方品种资源实物和信息共享服务体系，为地方品种资源保护、优良基因挖掘和利用奠定基础，为果树科研、生产和创新发展提供服务。

一、我国果树地方品种资源调查收集的重要性

    我国地域辽阔，果树栽培历史悠久，是世界上最大的栽培果树植物起源中心之一，素有"园林之母"的美誉，原产果树种质资源十分丰富，世界各国广泛栽培的如梨、桃、核桃、枣、柿、猕猴桃、杏、板栗等落叶果树树种都起源于我国。此外，我国从世界各地引种果树的工作也早已开始。如葡萄和石榴的栽培种引入中国已有2000年以上历史。原产我国的果树资源在长期的人工选择和自然选择下形成了种类纷繁的、与特定地区生态环境条件相适应的生态类型和地方品种；而引入我国的果树材料通过长期的栽培选择和自然驯化选择，同样形成了许多适应我国自然条件的生态类型或地方品种。

    我国果树地方品种资源种类繁多，不乏优良基因型，其中不少在生产中还在发挥着重要作用。比如'京白梨''莱阳梨''金川雪梨'；'无锡水蜜''肥城桃''深州蜜桃''上海水蜜'；'木纳格葡萄'；'沾化冬枣''临猗梨枣''泗洪大枣''灵宝大枣'；'仰韶杏''邹平水杏''德州大果杏''兰州大接杏''郯城杏梅'；'天目蜜李''绥棱红'；'崂山大樱桃''滕县大红樱桃''太和大紫樱桃''南京东塘樱桃'；山东的'镜面柿''四烘柿'，陕西的'牛心柿''磨盘柿'，河南的'八月黄柿'，广西的'恭城水柿'；河南的'河阴石榴'等许多地方品种在当地一直是主栽优势品种，其中的许多品种生产已经成为当地的主导农业产业，为发展当地经济和提高农民收入做出了巨大贡献。

    还有一些地方果树品种向外迅速扩展，有的甚至逐步演变成全国性的品种，在原产地之外表现良好。比如河南的'新郑灰枣'、山西的'骏枣'和河北的'赞皇大枣'引入新疆后，结果性能、果实口感、品质、产量等表现均优于其在原产地的表现。尤其是出产于新疆的'灰枣'和'骏枣'，以其绝佳的口感和品质，在短短5~6年的时间内就风靡全国市场，其在新疆的种植面积也迅速发展逾3.11万hm²，成为当地名副其实的"摇钱树"。分布范围更广的当属'砀山酥梨'，以

其出色的鲜食品质、广泛的栽培适应性，从安徽砀山的地方性品种几十年时间迅速发展成为在全国梨生产量和面积中达到1/3的全国性品种。

果树地方品种演变至今有着悠久的历史，在漫长的演进过程中经历过各种恶劣的生态环境和毁灭性病虫害的选择压力，能生存下来并获得发展，决定了它们至少在其自然分布区具有良好的适应性和较为全面的抗性。绝大多数地方品种在当地栽培面积很小，其中大部分仅是散落农家院中和门前屋后，甚至不为人知，但这里面同样不乏可资推广的优良基因型；那些综合性状不够好、不具备直接推广和应用价值的地方品种，往往也潜藏着这样或那样的优异基因可供发掘利用。

自20世纪中叶开始，国内外果树生产开始推行良种化、规模化种植，大规模品种改良初期果树产业的产量和质量确实有了很大程度的提高；但时间一长，单一主栽品种下生物遗传多样性丧失，长期劣变积累的负面影响便显现出来。大面积推广的栽培品种因当地的气候条件发生变化或者出现新的病害受到毁灭性打击的情况在世界范围内并不鲜见，往往都是野生资源或地方品种扮演救火英雄的角色。

20世纪美国进行的美洲栗抗栗疫病育种的例子就是证明。栗疫病由东方传入欧美，1904年首次见于纽约动物园，结果几乎毁掉美国、加拿大全部的美洲栗，在其他一些国家也造成毁灭性的影响。对栗疫病敏感的还有欧洲栗、星毛栎和活栎。美国康涅狄格州农业试验站从1907年开始研究栗疫病，这个农业试验站用对栗疫病具有抗性的中国板栗和日本栗作为亲本与美洲栗杂交，从杂交后代中选出优良单株，然后再与中国板栗和日本栗回交。并将改良栗树移植进野生栗树林，使其与具有基因多样性的栗树自然种群融合，产生更高的抗病性，最终使美洲栗产业死而复生。

我国核桃育种的例子也很能说明问题。新疆核桃大多是实生地方品种，以其丰产性强、结果早、果个大、壳薄、味香、品质优良的特点享誉国内外，引入内地后，黑斑病、炭疽病、枝枯病等病害发生严重，而当地的华北核桃种群很少染病，因此人们认识到华北核桃种群是我国核桃抗性育种的宝贵基因资源。通过杂交，华北核桃与新疆核桃的后代在发病程度上有所减轻，部分植株表现出了较强的抗性。此外，我国从铁核桃和普通核桃的种间杂种中选育出的核桃新品种，综合了铁核桃和普通核桃的优点，既耐寒冷霜冻，又弥补了普通核桃在南方高温多湿环境下易衰老、多病虫害的缺陷。

'火把梨'是云南的地方品种，广泛分布于云南各地，呈零散栽培状态，果皮色泽鲜红艳丽，外观漂亮，成熟时云南多地农贸市场均有挑担零售，亦有加工成果脯。中国农业科学院郑州果树研究所1989年开始选用日本栽培良种'幸水梨'与'火把梨'杂交，育成了品质优良的'满天红''美人酥'和'红酥脆'三个红色梨新品种，在全国推广发展很快，取得了巨大的社会、经济效益，掀起了国内红色梨产业发展新潮，获得了国际林产品金奖、全国农牧渔业丰收奖二等奖和中国农业科学院科技成果一等奖。

富士系苹果引入中国，很快在各苹果主产区形成了面积和产量优势。但在辽宁仅限于年平均气温10℃，1月平均气温-10℃线以南地区栽培。辽宁中北部地区扩展到中国北方几省区尽管日照充足、昼夜温差大、光热资源丰富，但1月平均气温低，富士苹果易出现生理性冻害造成抽条，无法栽培。沈阳农业大学利用抗寒性强、大果、肉质酸酥、耐贮运的地方品种'东光'与'富士'进行杂交，杂交实生苗自然露地越冬，以经受冻害淘汰，顺利选出了适合寒地栽培的苹果品种'寒富'。'寒富'苹果1999年被国家科技部列入全国农业重点开发推广项目，到目前为止已经在内蒙古南部、吉林珲春、黑龙江宁安、河北张家口、甘肃张掖、新疆玛纳斯和西藏林芝等地广泛栽培。

地方品种虽然重要，但目前许多果树地方品种的处境却并不让人乐观！我们在上马优良新品种和外引品种的同时，没有处理好当地地方品种的种质保存问题，许多地方品种因为不适应商业化的要求生存空间被挤占。如20世纪80年代巨峰系葡萄品种和21世纪初'红地球'葡萄的大面积推广，造成我国葡萄地方品种的数量和栽培面积都在迅速下降，甚至部分地方品种在生产上的消失。20世纪80年代我国新疆地区大约分布有80个地方品种或品系，而到了21世纪只有不到30个地方品种还能在生产上见到，有超过一半的地方品种在生产上消失，同样在山西省清徐县曾广泛分布的古老品种'瓶儿'，现在也只能在个别品种园中见到。

加上目前中国正处于经济快速发展时期，城镇化进程加快，因为城镇发展占地、修路、环境恶化等原因，许多果树地方品种正在飞速流失，亟待保护。以山西省的情况为例：山西有山楂地方品种'泽州红''绛县粉口''大果山楂''安泽红果'等10余个，近年来逐年减少；有板栗地方品种10余个，已经灭绝或濒临灭绝；有柿子地方品种近70个，目前60%已灭绝；有桃地方品种30余个，目前90%已经灭绝；有杏地方品种70余个，目前60%已灭绝，其余濒临灭绝；有核桃地方品种60余个，目前有的已灭绝，有的濒临灭绝，有的品种名称混乱；有2个石榴地方品种，其中1个濒临灭绝！

又如，甘肃省果树资源流失非常严重。据2008年初步调查，发现5个树种的103个地方果树珍稀品种资源濒临流失，研究人员采集有限枝条，以高接方式进行了抢救性保护；7个树种的70个地方果树品种已经灭绝，其中梨48个、桃6个、李4个、核桃3个、杏3个、苹果4个、苹果砧木2个，占原《甘肃果树志》记录品种数的4.0%。对照《甘肃果树志》（1995年），未发现或已流失的70个品种资源主要分布在以下区域：河西走廊灌溉果树区未发现或已灭绝的种质资源6个（梨品种2个、苹果品种4个）；陇西南冷凉阴湿果树区未发现或灭绝资源10个（梨资源7个、核桃资源3个）；陇南山地果树区未发现或流失资源20个（梨资源14个、桃资源4个、李资源2个）；陇东黄土高原果树区未发现或流失资源25个（梨品种16个、苹果砧木2个、杏品种3个、桃品种2个、李品种2个）；陇中黄土高原丘陵果树区未发现或已流失的资源9个，均为梨资源。

随着果树栽培良种化、商品化发展，虽然对提高果品生产效益发挥了重要作用，但地方品种流失也日趋严重，主要表现在以下几个方面：

1. 城镇化进程的加快，随着传统特色产业地位的丧失，地方品种逐渐减少

近年来，随着城镇化进程的加快，以前的郊区已经变成了城市，以前的果园已经难寻踪迹，使很多地方果树品种随着现代城市的建设而丢失，或正面临丢失。例如，甘肃省兰州市安宁区曾经是我国桃的优势产区，但随着城镇化的建设和发展，桃树栽培面积不到20世纪80年代的1/5，在桃园大面积减少的同时，地方品种也大幅度流失。兰州'软儿梨'也是一个古老的品种，但由于城镇化进程的加快，许多百年以上的大树被砍伐，也面临品种流失的威胁。

2. 果树良种化、商品化发展，加快了地方品种的流失

随着果树栽培良种化、商品化发展，提高了果品生产的经济效益和果农发展果树的积极性，但对地方品种的保护和延续造成了极大的伤害，导致了一些地方品种逐渐流失。一方面是新建果园的统一规划设计，把一部分自然分布的地方品种淘汰了；另一方面，由于新品种具有相对较好的外观品质，以前农户房前屋后栽植的地方品种，逐渐被新品种替代，使很多地方品种面临灭绝流失的威胁。

3. 国家对果树地方品种的保护宣传力度和配套措施不够

依靠广大农民群众是保护地方品种种质资源的基础。由于国家对地方品种种质资源的重要性和保护意义宣传力度不够，农民对地方品种保护的认知不到位，导致很多地方品种在生产和生活中不经意地流失了。同时，地方相关行政和业务部门，对地方品种的保护、监管、标示力度不够，没有体现出地方品种资源的法律地位，导致很多地方品种濒临灭绝和正在灭绝。

发达国家对各类生物遗传资源（包括果树）的收集、研究和利用工作极为重视。发达国家在对本国生物遗传资源大力保护的同时，还不断从发展中国家大肆收集、掠夺生物遗传资源。美国和前苏联都曾进行过系统地国外考察，广泛收集外国的植物种质资源。我国是世界上生物遗传资源最丰富的国家之一，也是发达国家获取生物遗传资源的重要地区，其中最为典型的案例当属我国大豆资源（美国农业部的编号为PI407305）流失海外，被孟山都公司研究利用，并申请专利的事件。果树上我国的猕猴桃资源流失到新西兰后被成功开发利用，至今仍然有大量的国外公司组织或个人到我国的猕猴桃原产地大肆收集猕猴桃地方品种资源和野生资源。甚至连绝大多数外国人现在都还不甚了解的我国特色果树——枣的资源也已经通过非正常途径大量流失到了国外！若不及时进行系统的调查摸底和保护，那种"种中国豆，侵美国权"的荒诞悲剧极有可能在果树上重演！

综上所述，我国果树地方品种是具有许多优异性状的资源宝库，目前正以我们无法想象的速度消失或流失；应该立即投入更多的力量，进行资源调查、收集和保护，把我们自己的家底摸清楚，真正发挥我国果树种质资源大国的优势。那些可能由于建设或因环境条件恶化而在野外生存受到威胁的果树地方品种，不能在需要抢救时才引起注意，而应该及早予以调查、收集、保存。要对我国落叶果树地方品种进行调查、收集和保存，有多种策略和方法，最直接、最有效的办法就是对优势产区进行重点调查和收集。

二、调查收集的方式、方法

按照各树种资源调查、收集、保存工作的现状，重点调查资源工作基础薄弱的树种（石榴、樱桃、核桃、板栗、山楂、柿），对已经具有较好资源工作基础和成果的树种（梨、桃、苹果、葡萄）做补充调查。根据各树种的起源地、自然分布区和历史栽培区确定优势产区进行调查，各树种重点调查区域见本书附录一。各省（自治区、直辖市）主要调查树种见本书附录二。

通过收集网络信息、查阅文献资料等途径，从文字信息上掌握我国主要落叶果树优势产区的地域分布，确定今后科学调查的区域和范围，做好前期的案头准备工作。

实地走访主要落叶果树种植地区，科学调查主要落叶果树的优势产区区域分布、历史演变、栽培面积、地方品种的种类和数量、产业利用状况和生存现状等情况，最终形成一套系统的相关科学调查分析报告。

对我国优势产区落叶果树地方品种资源分布区域进行原生境实地调查和GPS定位等，评价原生境生存现状，调查相关植物学性状、生态适应性、栽培性能和果实品质等主要农艺性状（文字、特征数据和图片），对优良地方品种资源进行初步评价、收集和保存。

对叶、枝、花、果等性状按各种资源调查表格进行记载，并制作浸渍或腊叶标本。根据需要对果实进行果品成分的分析。

加强对主要生态区具有丰产、优质、抗逆等主要性状资源的收集保存。注重地方品种优良变异株系的收集保存。

主要针对恶劣环境条件下的地方品种，注重对工矿区、城乡结合部、旧城区等地濒危和可能灭绝地方品种资源的收集保存。

收集的地方品种先集中到资源圃进行初步观察和评估，鉴别"同名异物"和"同物异名"现象。着重对同一地方品种的不同类型（可能为同一遗传型的环境表型）进行观察，并用有关仪器进行简化基因组扫描分析，若确定为同一遗传型则合并保存。对不同的遗传型则建立其分子身份鉴别标记信息。

已有国家资源圃的树种，收集到的地方品种入相应树种国家种质资源圃保存，同时在郑州、随州地区建立国家主要落叶果树地方品种资源圃，用于集中收集、保存和评价有关落叶果树地方品种资源，以确保收集到的果树地方品种资源得到有效的保护。郑州和随州地处我国中部地区，中原之腹地，南北交汇处，既无北方之严寒，又无南方之酷热。因此，非常适宜我国南北各地主要落叶果树树种种质资源的生长发育，有利于品种资源的收集、保存和评价。

利用中国农业科学院郑州果树研究所优势产区落叶果树树种资源圃保存的主要落叶果树树种

地方品种资源和实地科学调查收集的数据，建立我国主要落叶果树优良地方品种资源的基本信息数据库，包括地理信息、主要特征数据及图片，特别是要加强图像信息的采集量，以区别于传统的单纯文字描述，对性状描述更加形象、客观和准确。

对我国优势产区落叶果树优良地方品种资源进行一次全面系统梳理和总结，摸清家底。根据前期积累的数据和建立的数据库（http://www.ganguo.net.cn），开发我国主要落叶果树优良地方品种资源的GIS信息管理系统。并将相关数据上传国家农作物种质资源平台（http://www.cgris.net），实现果树地方品种资源信息的网络共享。

工作路线见本书附录三。工作流程见本书附录四。要按规范填写调查表。调查表包括：农家品种摸底调查表、农家品种申报表、农家品种资源野外调查简表、各类树种农家品种调查表、农家品种数据采集电子表、农家品种调查表文字信息采集填写规范。农家品种标本、照片采集按规范填写"农家品种资源标本采集要求"表格和"农家品种资源调查照片采集要求"表格。调查材料提交也须遵照规范。编号采用唯一性流水线号，即：子专题（片区）负责人姓全拼+名拼音首字母+采集者姓名拼音首字母+流水号数字。

本次参加调查收集研究有22个单位，分布在我国西南、华南、华东、华中、华北、西北、东北地区，每个单位除参加过全国性资源考察外，他们都熟悉当地的人文地理、自然资源，都对当地的主要落叶果树资源了解比较多，对我们开展主要落叶果树地方品种调查非常有利，而且可以高效、准确地完成项目任务。其中包括2个农业部直属单位、4个教育部直属大学（含2所985高校）、10个省属研究所和大学，100多名科技人员参加调查，科研基础和实力雄厚，参加单位大多从事地方品种相关的调查、利用和研究工作，对本项目的实施相当熟悉。还有的团队为了获得石榴最原始的地方品种材料，尽管当地有关专业部门说，近期雨季不能到有石榴地方品种的地区调查，路险江深，有生命危险，可他们还是冒着生命危险，勇闯交通困难的西藏东南部三江流域少人区调查，获得了可贵的地方品种资源。

通过5年多的辛勤调查、收集、保存和评价利用工作，在承担单位前期工作的基础上，截至2017年，共收集到核桃、石榴、猕猴桃、枣、柿子、梨、桃、苹果、葡萄、樱桃、李、杏、板栗、山楂等14个树种共1700余份地方品种。并积极将这些地方品种资源应用于新品种选育工作，获得了一批在市场上能叫得响的品种，如利用河南当地的地方品种'小火罐柿'选育的极丰产优质小果型柿品种'中农红灯笼柿'，以其丰产、优质、形似红灯笼、口感极佳的特色，迅速获得消费者的认可，并获得河南省科技厅科技进步一等奖和河南省人民政府科技进步二等奖。

"中国果树地方品种图志"丛书被列为"十三五"国家重点出版物规划项目。成书过程中，在中国农业科学院郑州果树研究所、湖南农业大学等22个单位和中国林业出版社的共同努力和大力支持下，先后于2017年5月在河南郑州、2017年10月25日至11月5日在湖南长沙、11月17～19日在河南郑州召开了丛书组稿会、统稿会和定稿会，对书稿内容进行了充分把关和进一步提升。在上述国家科技部基础性工作专项重点项目启动和执行过程中，还得到了该项目专家组束怀瑞院士（组长）、刘凤之研究员（副组长）、戴洪义教授、于泽源教授、冯建灿教授、滕元文教授、卢春生研究员、刘崇怀研究员、毛永民教授的指导和帮助，在此一并表示感谢！

曹尚银

2017年11月17日于河南郑州

前言

Preface

    李是蔷薇科（Rosaceae）李属（Prunus）植物。中国李原产于中国，是中国栽培历史最久的果树之一。据考古学研究证明，远在5000年乃至6000年前，我们的祖先已经采食李的果实，有记载的栽培历史至少有3000年以上。日本于西汉时期从中国引进中国李栽培，近百年中国李才传入欧洲和美洲。

    我国现有李属植物资源8个种：中国李（*P. salicina* Lindl.）、杏李（*P. simonii* Carr.）、乌苏里李（*P. ussuriensis* Kov. et Kost.）、欧洲李（*P. domestica* L.）、樱桃李（*P. cerasifera* Ehrhart.）、美洲李（*P. americana* Marsh.）、加拿大李（*P. nigra* Ait.）和黑刺李（*P. spinosa* L.）。其中，中国李是最重要的一个种，生产上栽培的品种最多，分布的范围最广。国家级李杏种质资源圃建立在辽宁熊岳，保存有全国各地以及国外的多份品种资源。

    李在中国的分布极广，除青藏高原的高海拔外，从最南部的台湾至最北部的黑龙江，从东南沿海至最西部的新疆，均有栽培半栽培或野生的李资源，垂直分布最高处可达海拔4000m。中国李栽培有具体的南限和北界。北界为：从黑龙江富锦（N47°15'）—鹤岗（N47°20'）伊春（N47°40'）—海伦（N47°26'）—依安（N47°50'）—齐齐哈尔（N47°20'）—内蒙林东（N44°）—临河（N41°）—新疆哈密（N43°）—奎屯（N44°35'）—塔城（N47°）—阿勒泰（N48°）。中国李的栽培南限约为≥10℃年积温8000℃等值线。而7000~8000℃的广东中山以南、广西崇左以南、云南思茅以南的西双版纳等地区，虽然有李树分布，但其生长、开花、结果、休眠等物候期紊乱，长势不强，产量低，品质差，没有经济栽培价值。我国李树栽培区域主要分布在辽宁、吉林、黑龙江、河北、江西、北京、广东、广西、福建、江西、湖南、四川等地。

    地方品种（农家品种）是在特定地区经过长期栽培和自然选择而形成的品种，对所在地区的气候和生产条件一般具有较强的适应性，并包含有丰富的基因型，具有丰富的遗传多样性，常存在特殊优异的性状基因，是果树品种改良的重要基础和优良的基因来源。由于社会历史的原因，我国果树生产大都以农户生产方式存在，果园面积小，经济效益低。这种农户型的生产方式有着种种弊端，但同时也为自然突变所产生的优良品种提供了可以生存的空间。农户对于自家所生产的品种比较熟悉，通过自然实生、芽变或自然变异所产生的优良性状的果树品种能够被保留下来，在不经意间被选育出来，成为地方品种。但由于这种方式所产生的品种没有经过任何形式的鉴定评价，品种的数量稀少，很容易随着时间的流逝而灭绝。

    我国在1980—1988年，在农业部科技司的支持下，由辽宁省果树科学研究所主持，组织了28个省（自治区、直辖市）的李属资源调查研究与开发利用协作组，通过逐省考察，基本查清了中国李属资源的底数。这一成果表明：①中国现有李属植物资源8个种、5个变种，约800余个地方品种和类型，考察中鉴定并命名了中国李的新变种——椋李，首次发现了野生的欧洲李和樱桃李的自然群落；②第一次明确了中国李属植物的分布，划出了明显的南限和北界；③调查中较翔实地描述了325个李品种资源；并从中发现一批具有高糖、含脂肪、矮化、抗寒、抗涝等特异性状的资源；④提出了19个适宜鲜食或加工利用的优良地方品种，可以供给不同地区生产上直接利用；⑤积累了80余万字的文字材料，采集628份标本，并拍摄了大量的幻灯片和照片。从而为深入研究奠定了基础，为李属种质资源的开发利用提供了科学依据。但由于当时条件的限制，很多地方品种都没来得及调查和收集。

《中国李地方品种图志》是首次对中国李地方品种进行了比较全面、系统调查研究的阶段性总结，为研究李的起源、演化、分类及李资源的开发利用提供较完整的资料，对促进我国李产业发展和科学研究将产生重要的作用。本书内容重点放在李种质资源的地理分布、特异生产特性和品种资源的描述。重点增加提供人及其联系方式、地理信息等，我们通过笔记本电脑和高性能的数码相机进行考察，把品种图像较为准确和形象地纪录下来；并通过携带GPS定位导航设备和GIS软件系统可以对每个地方品种的生境和其代表株进行精确定位和信息采集，以达到品种的可追踪性。本书图像大部分均在种质原产地采集，包括生境、单株、花、果、叶、枝条等信息，力求还原种质的本来面貌。书中所配照片在总论中都一一标出拍摄人姓名，各论里照片都是各片区调查人拍照，由于人数较多，就不一一列出。

本书按照南部片区、西部片区、北部片区、中部片区等4个片区分别介绍其资源分布情况，对于每份资源从基本信息(包括提供人、调查人、位置信息、地理数据、样本类型等)、生境信息、植物学信息和品种评价等方面入手，切实展示该品种资源的特征特性，以便于育种工作者辨识并加以有效利用。调查编号根据片区负责人姓全拼+名缩写+采集者姓名的首字母+3位数字编号的形式，便于辨识和后期品种追踪调查。每个品种都有一个品种俗称，若有相同的名字，加调查地点的名字加以区分，相同地点的加数字予以区分，多个品种按照数字依次编写。

希望本书的出版能为李地方品种的利用及地理分布研究提供较为全面、完整的资料，促进李地方品种科研与生产的发展。

由于著者水平和掌握资料有限，本书有遗漏和不足之处敬请读者及专家给予指正，以便日后补充修订。

著者
2017年11月

目录

Contents

中国李地方品种图志

总论

第一节
李的起源与分类

　　李是我国重要果树之一，栽培范围广、历史悠久，地方品种丰富，丰产优质者众多。李全身是宝，是我国发展农村经济的产业之一。

　　李的果实不仅美丽、芳香、多汁、酸甜适口，而且有着丰富的营养物质，是优良的鲜食水果。鲜李含糖7%～17%，酸0.16%～3.0%，单宁0.15%～1.50%，蛋白质0.5%～0.79%，脂肪0.2%～0.6%，碳水化合物9%～12.9%，100g鲜李含钙17mg，磷20mg，铁0.5mg；此外，还含有维生素A 0.11mg，维生素B$_1$（硫胺素）0.01mg，维生素B$_2$（核黄素）0.02mg，维生素PP（尼克酸）0.3mg，维生素C（抗坏血酸）2～11mg等。所有这些成分都是人体健康不可或缺的营养物质。此外，李树的各器官均可入药。据《本草纲目》《医林纂要》《本草求真》等经典中医古籍记载，中国李的果实味甘、酸，性寒，能清热、利尿、消食积，有养肝、泻肝、治肝肿硬和肝腹水、去痼热、破瘀的功能，能健脾、调经，有收敛、止血的功能，治消化不良、月经过多、慢性子宫出血、外伤出血及各种体癣、手癣、足癣。李的核仁味苦、性平，有活血利尿、滑肠的功能；内用可治消化不良、牙龈出血、慢性咽喉炎、肝硬化、便秘；外用可消疮疖肿毒、湿疹、瘙痒、瘀血和虫蝎蜇伤，并有止痛的功效。李花可消除面部粉滓，使之光泽。李叶主治小儿干热、惊痫。李根皮煎水，含漱治齿痛。李的树胶能治目翳，有止痛、消肿的功能。李汁饮料可预防中暑。李干为醒酒和解渴镇呕的佳物。国外亦采用李干作为缓泻剂。

　　李的果实（图1）还可以加工成李干、蜜饯、糖水罐头、果酱、果酒、李汁饮料、话李等。

　　李的花（图2）和叶富有观赏价值。李同时也能与梅和杏相互授粉杂交，是绿化环境和培育良种不可缺少的树种。

图1 李果实（孟玉平 摄影）

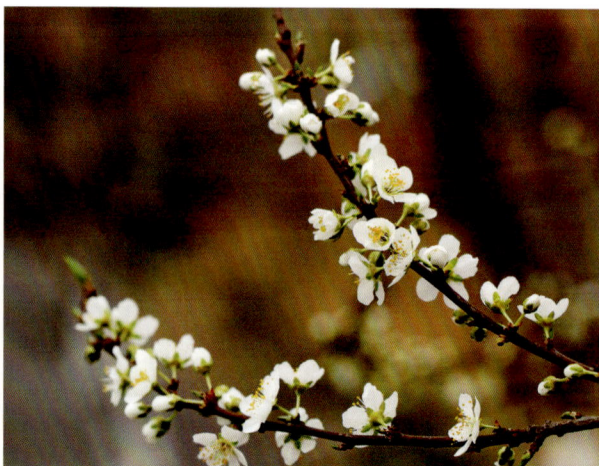

图2 李花（李好先 供图）

一 李的起源

李在中国有着悠久的栽培历史，与桃、杏、梅等一样，都是中国历史悠久的落叶果树。在李属植物中，有许多种原产于中国。李是温带，特别是北半球的重要果树之一，在中国有着广泛的适应性，几乎在所有的省（自治区、直辖市）都有分布。

中国李原产中国，是中国栽培历史最久的古老果树之一。反映中国人民早期生活的诗歌总集《诗经》中，就有不少歌颂李的诗句。例如，在《王风·丘中有麻》中有"丘中有李，彼留之子"。该诗中与"丘中有李"并提的，还有"丘中有麻""丘中有麦"句。在当时，麻（大麻）和麦都是已经驯化栽培的农作物；"丘"，是指丘陵高阜地。在丘陵高阜地有李、大麻、麦。可见当时李不仅已经人工栽培，而且人们对李的生态习性已有了相当的认识。

1949年以后，考古事业蓬勃发展，在近代的考古发掘中，曾发掘出新石器时代或战国时代的李核遗物，证明远在5000～6000年前，中国人的祖先已经采食李的果实了，其栽培历史至少有3000年以上。据考证已有2500年栽培历史的檇李，曾是历代封建王朝的贡品，现在仍保存于浙江桐乡。内蒙古自治区呼和浩特市郊区攸攸板乡的东乌素图村还有清代雍正年间栽植的一株李树，至今已有200余年。此外在不少地方的墓葬中，例如，四川昭化的战国墓，湖北省汉陵西汉文景时（前179—前141）墓葬，江苏铜山西汉第六代楚王刘注（前128—前116）墓，江苏盱眙西汉中晚期墓等，都出土有李核。这些文献资料和出土实物足以说明，李不仅是中国古老的栽培果树，而且远在公元前就被人们视为珍贵的果品。这反映出古人对李的喜爱，也说明远在《诗经》产生的周代以前，李树就已经被驯化栽培了。

至于开始驯化栽培的确切年代，目前还难以断言，有待于更多的考古发掘资料佐证。1983年在中国新疆维吾尔自治区的新源县（图3）和巩留县（图4）首次发现四处大片野生欧洲李的自然群落（林培钧等，1986），从此证明欧洲李也是原产中国的。李

图3 新疆维吾尔自治区新源县野果林（曹秋芬 摄影）

属植物中，人类栽培利用最广泛的中国李和欧洲李这两个种，均原产于中国。

中国李是在西汉时期随桃、杏一起传播到日本和伊朗的（张加延等，1998）。在近百年内，中国李才传播到欧洲和美洲，中国李以其果实大、色泽漂亮、香味浓郁、甜酸适中深受喜欢。后来作为欧美国家的杂交育种材料，培育出了更好的诸多品种。

二 我国古代的地方品种

与许多原产中国、而且栽培历史悠久的其他果树一样，李在古代栽培品种资源就十分丰富。据《中国果树志·李卷》记述，古代人们根据有核、无核、颜色、离核等对李就有简单的分类。早在《尔雅》（前2世纪）中就记载有李的3个品种：'无实李''接虑李'和'赤李'。在《洛阳花木记》（1082）中记载了北宋时期河南洛阳栽培的李子品种就有27个。到了明代，全国栽培的李品种约近百个，各品种间在果实大小、果皮色泽等方面差异很大，"大者如杯、如卵，小者如弹、如樱"；"其色有青、绿、紫、朱、赤、缥绮、胭脂、青皮、紫灰之殊"（图5～图7）。此外，果核也有"离核、粘核、无核"之分。果实的成熟期因品种不同差别也很大。早熟品种在农历四月就成熟了，晚熟品种至农历十月或十一月间才成熟。

据粗略统计，历代典籍和各地方志中记录的李品种名称，远远超过百个。充分说明历史上培育成的李品种之多是毋庸置疑的。在众多的李品种中，也颇有一些品质优良者，例如《齐民要术》记述 "木李，实绝大而美"；"北方一种李，谓之御黄，其重逾两，肉厚核小，食之甘美而香，李中之嘉种也"。古籍中记录的李品种名称中，有不少至今犹在沿用，例如'黄李''檇李''御黄李''蜜李''青脆李''胭脂李''潘园李''三华李''南华李'等。

图4 新疆维吾尔族自治区巩留县野果林（曹秋芬 摄影）

三 李的分类

李为蔷薇科（Rosaceae）李亚科（Prunoideae）李属（*Prunus*）植物，全世界约有30余种，我国有8个种：中国李（*P. salicina* Lindl.）、杏李（*P. simonii* Carr.）、乌苏里李（*P. ussuriensis* Kov.et Kost.）、欧洲李（*P. domestica* L.）、樱桃李（*P. cerasifera* Ehrhart.）、美洲李（*P. americana* Marsh.）、加拿大李（*P. nigra* Ait.）和黑刺李（*P. spinosa* L.）。其中，中国李是最重要的一个种，生产上栽培的品种最多，分布的范围最广。中国李中有毛梗李（*P. salicina* L.var.*pubipes*）和椋李（*P. salicina* L.var.*cordata* Y.He）变种（表1）。

李属植物分种检索表：

1.叶片在芽中呈席卷状，核表面常具皱纹，花序常1或2朵，稀3。
  2.嫩枝无毛或微具毛，花柄无毛，稀具短柔毛。
   3.花1～3，簇生。
    4.小枝及叶片光滑无毛，或在叶片下边脉腋间具髯毛。
     5.果实卵圆形或近球形，花常3朵，簇生；叶片长圆倒卵形，侧脉与主脉成45°。
      6.果实大，直径5～7cm，核小，常具皱纹，叶片光滑无毛 ………………… 1.中国李 *P. salicina*
      6.果实小，直径1.5～2.5cm，核表面近平滑，叶片下面多少被柔毛 ………… 2.乌苏里李 *P. ussuriensis*
     5.果实扁圆形，果柄很短，核常具微沟；花1～3朵；叶长圆披针形，侧脉与主脉成锐角… 3.杏李 *P. simonii*
    4.小枝及叶片下面被短柔毛，果实长椭圆形。核表面多皱 …………… 4.欧洲李 *P. domestica*
   3.花单生；叶片下面无毛或在主脉上有短柔毛，果实球形，红色、黑色或黄色，核表面光滑或粗糙 5.樱桃李 *P. cerasifera*
  2.嫩枝密被茸毛或短茸毛，花柄常具短柔毛；果实近球形。
    7.花单生，果直立，核外稍具浅纹…………………………………… 6.黑刺李 *P. spinosa*
1.叶片在芽中呈对折状，稀席卷状；核表面常平滑，花序常3朵或多朵，稀单生。
    8.幼枝无毛；叶片具尖锐锯齿，下面无毛，叶柄无腺；果常近球形 ………… 7.美洲李 *P. americana*
    8.幼枝无毛或有毛；叶片具圆钝锯齿，下面具短柔毛，叶柄有2腺；果实椭圆形…… 8.加拿大李 *P. nigra*

表1 我国李属种质资源的分类

种	变种
中国李（*P. salicina* Lindl.）	中国李（*P. salicina* L. var. *salicina*）
	毛梗李（*P. salicina* L. var. *pubipes*）
	椋李（*P. salicina* L.var.*cordata* Y.He）
杏李（*P. simonii* Carr.）	—
乌苏里李（*P. ussuriensis* Kov.et Kost.）	—
樱桃李（*P. cerasifera* Ehrhart.）	—
欧洲李（*P. domestica* L.）	—
美洲李（*P. americana* Marsh）	—
加拿大李（*P. nigra* Ait.）	—
黑刺李（*P. spinosa* L.）	—

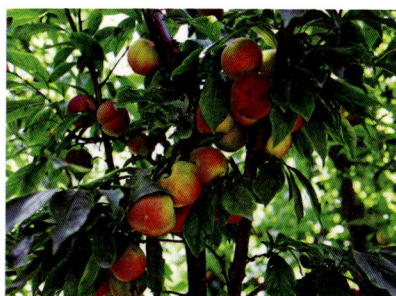

图5 黄色李、绿色李（孟玉平 摄影）　图6 红色李（孟玉平 摄影）　图7 紫色李（曹秋芬 摄影）

1. 中国李

是我国最主要的栽培种，约有800余个品种或类型。

(1) **中国李**（图8） 乔木，高5~12m。树冠开心形或半圆形，树姿较开张。老皮灰褐色，块状或条状裂。多年生枝灰褐色或紫红色，无毛。新梢初为黄绿色或淡红色，后转为黄褐色或红褐色。冬芽卵圆形，红紫色，有数枚覆瓦状排列的鳞片，通常无毛，稀鳞片边缘有极稀疏毛。

叶片长圆倒卵形、长椭圆形、稀长圆卵形，长6~9cm，宽3~5cm。先端渐尖、急尖或短尾尖。基部楔形。边缘有圆钝重锯齿，常混有单锯齿，幼齿尖部带腺。叶面深绿色，有光泽。侧脉6~10对，不达叶缘，与主脉成45°。叶两面均无毛，有时叶背沿主脉有稀疏柔毛，或脉腋有髯毛。托叶膜质、线形，先端渐尖，边缘有腺，早落。叶柄长1~2cm，通常无毛，近叶片处有2个腺体或无，有时在叶片基部边缘有腺体。

花通常2~3朵并生，花冠直径1.5~2.2cm。花梗1~2cm，无毛。萼筒钟状，萼片长圆卵形，长约5mm，先端急尖或圆钝，边有疏齿，与萼筒近等长，萼筒和萼片外部均无毛，内侧在萼筒基部被疏柔毛。花瓣白色，长圆倒卵形，先端啮蚀状，基部楔形，有明显带紫色脉纹，具短爪，着生在萼筒边缘，比萼筒长2倍或3倍。雄蕊25~35枚，花丝长短不齐，排成不规则2轮，比花瓣短。雌蕊1枚，柱头盘状，花柱比雄蕊稍长。

果实球形、椭圆形或心脏形。果顶平、凹或微尖。果梗短粗，一般1~2cm，梗洼陷入。缝合线明显或不明显，两侧果肉对称或不对称。单果重10~180g，果实直径2~7cm。果皮多为黄色或红色，有时为绿色、紫色或黑色，表面有蜡质果粉。果肉黄色或紫红色，具有李的特殊香味，多汁、味酸甜。粘核或离核。核卵圆形或长圆形，稀圆球形，表面有皱纹。核仁饱满或退化，圆锥形，味苦。

花期较欧洲李、加拿大李、黑刺李等种明显早，在南方为2~3月，北方为4~5月，花先于出叶或与出叶同时开放。果期南方为5~8月，北方为6~9月。落叶期10~11月。

中国李果实大，外观美，多汁，香味浓，品质优良，是鲜食良种，其中也有许多品种兼具鲜食和加工特性。中国李适应性较广，各地均有栽培，但

图8 中国李（孟玉平 摄影）

其抗寒力不如乌苏里李、美洲李、加拿大李和樱桃李，与欧洲李相差不多，其花期早，在春季寒冷地区，易遭冻害。能与各种李或杏杂交。2n=2x=16，稀24，32。

(2) **毛梗李** 原产中国甘肃和云南。本变种的区别主要表现在小枝，叶片下面、叶柄以及花梗、萼筒基部均密被短柔毛。

(3) **樗李** 原产于中国福建一带，为栽培变种。本变种的主要区别是叶片为长倒卵形或长椭圆状披针形；花2朵或4朵并生；果实心脏形，表面有或无油泡，果核尖部与果肉间有明显的空腔，核大而粗糙。

2. 杏李

别名红李，秋根李，原产中国华北和西北的东部。为栽培种。小乔木，树高5~8m，树形直立，老枝紫红色，树皮起伏不平，常有裂痕。小枝浅红色，粗壮，直立，节间短，无毛。越冬花芽卵圆形，紫红色，有数枚覆瓦状排列鳞片，边缘有细齿，通常无毛，稀有鳞片边缘有睫毛。

叶片长圆倒卵形或长圆披针形，稀有长椭圆形，长7~10cm，宽3~5cm，先端渐尖或急尖，基部楔形或宽楔形，边缘有细密圆钝锯齿，有时呈不明显重锯齿，幼叶齿尖带腺。叶面深绿色，叶背淡绿色，主脉明显下陷，中脉和侧脉均明显突起，侧脉弧形，与主脉呈锐角，叶两面无毛。托叶膜质，线形，先端长、渐尖，边缘有腺，早落。叶柄长1~1.3cm，无毛，通常在顶端两侧各有1个或2个腺体。

花2~3朵簇生。花梗长2~5mm，无毛。花直径1.5~2cm，花瓣白色，长圆形，先端圆钝，基部楔形，有短爪着生在萼筒边缘。雄蕊20~30枚，花丝长短不等，排成紧密2轮，长花丝比花瓣稍短或等长。雌蕊1枚，心皮无毛，柱头盘状，花柱比雄蕊稍短或近等长。萼筒钟状，萼片长圆形，先端圆钝，边有带腺细齿，萼片与萼筒外面均无毛，内面在萼筒基部被短柔毛。

果实扁圆形或圆形，单果重40~180g，果实直径3~5cm，最大6cm。果梗短粗，长0.5cm。果皮红色或黄色，表面果粉薄或无，无茸毛。缝合线较浅，两侧果肉对称。果肉淡黄或橘黄色，质地紧密，香味浓、味甜酸。粘核。核小，扁圆形，表面粗糙，有纵沟。

花期4月，果期6~7月，落叶期11月。

杏李果实较大，肉质紧密，可供鲜食或加工用，果实较耐贮藏和运输。易与中国李杂交，并且可以获得品质优良的后代。抗寒力和抗烂皮病能力较差。丰产性不强。2n=2x=16。

3. 乌苏里李

别名东北李，原产中国东北各省，为一栽培种。小乔木，树高2.5~5m，树冠紧凑矮小，有时呈灌木状。老枝灰黑色，粗壮，树皮起伏不平。小枝稠密，节间短，淡红褐色，新梢光滑无毛。冬芽卵圆形，红褐色，有数枚覆瓦状排列鳞片，通常无毛。

叶片长圆形或长倒卵圆形，稀有椭圆形，长4~9cm，宽2~4cm。叶先端尾尖、渐尖或急尖。基部楔形，稀有宽楔形。边缘有单锯齿或重锯齿，齿尖常带腺。叶正面深绿色，无毛，中脉和侧脉略微下陷，叶背面深绿色，在下半部沿中脉和侧脉两边微带柔毛，中脉和侧脉明显突起，有时在基部混有侧脉，与主脉成锐角。叶柄短，长度小于1cm，被柔毛。叶柄无蜜腺，在叶片基部边缘两侧各有1个腺体。托叶披针形，先端渐尖，边缘有带腺锯齿，早落。

花2~3朵簇生，有时单朵。花梗长7~13mm，无毛。花冠直径1~1.2cm。花瓣白色，长圆形，先端波状，基部楔形，有短爪。雄蕊多数，花丝长短不等，排列成紧密2轮，着生于萼筒上，长花丝与花瓣近等长或稍长。雌蕊1枚，心皮无毛，柱头盘状，花柱与雄蕊近等长。萼筒钟状，萼片长圆形，先端圆钝，边缘有细齿，齿尖常带腺，比萼筒稍短，萼筒与萼片内外两面均无毛。

果实扁圆形、近圆形或长圆形，果实较小，单果重7~30g，直径1.5~2.5cm。果皮紫红色或黄色。缝合线不明显，两侧大小对称。果肉黄色，味甜，多汁，具浓香。果皮苦涩。粘核，核扁圆或长圆形，有明显侧沟，表面有不明显蜂窝状突起。种仁圆形，饱满，味苦。

花期4~5月，果期6~9月，落叶期10~11月。

乌苏里李抗寒力极强，可耐-55.6℃低温。能同中国李、樱桃李、美洲李和黑刺李杂交，与欧洲李杂交不育。果实可食，但成熟前落果重。实生苗是李的良好砧木。2n=2x=16。

4. 樱桃李（图9）

别名樱李。原产中国新疆、天山至亚德里亚海岸、小亚细亚和中亚西亚、巴尔干半岛、高加索、外高加索、北高加索、土库曼山地、哈萨克的保斯坦德克区和中塔什克斯坦山区、阿塞拜疆的南部地区、格鲁吉亚西部等广大地区，伊朗亦有分布。由于长期栽培，品种变型颇多，有垂枝、花叶、紫叶、狭叶、黑叶等栽培变型。

灌木或乔木，高可达12~15m。多分枝（图10），枝条细长，开张，暗灰色，有针刺，新梢淡红色或淡红褐色，无毛。冬芽卵圆形，先端急尖，有数枚覆瓦状排列鳞片，紫红色，有时鳞片边缘有稀疏茸毛。

叶片椭圆形、卵形或倒卵形（图11），稀有椭圆状披针形；叶长2~6cm，宽2~6cm，先端急尖，基部楔形或近圆形，边缘有圆钝锯齿，有时混有重锯齿。叶面绿色，无毛，中脉微下陷，叶背淡绿色，沿中脉有柔毛或脉腋有茸毛，其余部分无毛。中脉和侧脉均突起，侧脉5~8对。叶柄长6~12mm，通常无毛或幼时微被短柔毛，无腺。托叶膜质，披针形，先端渐尖，边缘有细锯齿，带腺，早落。

花1朵，稀2朵。花梗长1~2.2cm，无毛或微被短柔毛。花冠直径2~2.5cm。花瓣白色，长圆形或

图9 樱桃李（曹秋芬 摄影）

图10 樱桃李树干多分枝　　图11 樱桃李枝叶（曹秋芬 摄影）
　　（曹秋芬 摄影）

图12 樱桃李果实（曹秋芬 摄影）

图13 樱桃李果实（曹秋芬 摄影）

图14 生长在冲积泥土的樱桃李（曹秋芬 摄影）

图15 生长在河滩的樱桃李（曹秋芬 摄影）

图16 欧洲李（孟玉平 摄影）

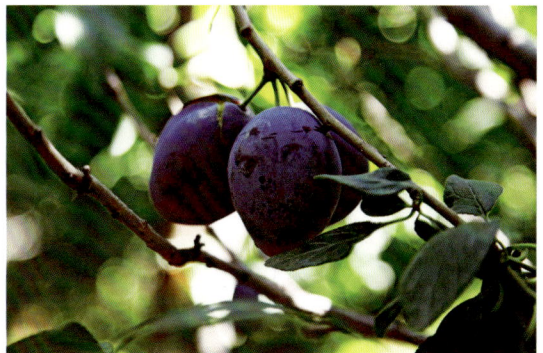

图17 欧洲李果实（孟玉平 摄影）

匙形，边缘波状，基部楔形，着生在萼筒边缘。雄蕊25～30枚，花丝长短不等，紧密地排成不规则两轮，比花瓣稍短。雌蕊1枚，心皮被长柔毛，柱头盘状，花柱比雄蕊稍长，基部被稀疏长柔毛。萼筒钟状，萼片长卵形，先端圆钝，边缘有疏浅锯齿，与萼片近等长，萼筒和萼片外面无毛，萼筒内面有稀疏短柔毛。

果实近圆形或椭圆形（图12、图13），直径2～4cm，果皮黄色，红色或黑色，果粉薄，缝合线浅，两侧大小对称。果肉黄色，味淡甜，无香味，果汁较少。粘核。核椭圆形或卵圆形，先端急尖，

颜色浅褐，稍带白色，表面平滑或粗糙，有时呈蜂窝状，背缝具沟，腹缝有时扩大具两侧沟。

花期4月，果期8～9月，落叶期11月。

樱桃李抗寒力弱，而抗旱力强，喜光，抗真菌性病害，适于生长在富含有机质的冲积泥土上或河边（图14、图15）。其休眠期很短，开花早，花期延续较长，花先于出叶开放。果实成熟后不易脱落，耐贮运；果实中果胶含量很高，最高可达15%，所以除可供鲜食和干制以外，是制作果酱、果泥、果冻的好原料，也可用来制作糖水罐头。樱桃李的种子可做李和桃的砧木资源。樱桃李可与中国李、黑

刺李、加拿大李等种杂交，但与杏李、欧洲李、杏杂交，不仅成功率很低，而且后代往往是高度不孕类型。2n=2x=16，17，24。

樱桃李常见有5个栽培变型，是很好的城市绿化树种。

①垂枝李 f. *pendula* Bailey.，枝条下垂。

②紫叶李 f. *atropurpurea* (Jacq.) Rehd.，叶片大紫红色，花粉色，果实暗红色。

③黑叶李 f. *nigra* Bailey.，叶片深暗紫色。

④花叶李 f. *purpusii* Bailey.，叶片深暗红色，并有黄色斑点。

⑤狭叶李 f.*elagans* Bean.，叶片狭小，边缘白色。

5. 欧洲李（图16）

别名西洋李、洋李、脯李（美国）、酸梅（中国新疆）。原产中国新疆伊犁、西亚和欧洲。栽培品种有2000余个。乔木，高6~15m，树冠圆锥形，树干深灰褐色，开裂，枝条无刺或稍有刺。老枝红褐色，无毛，树皮起伏不平，当年生小枝淡红色或灰绿色，有纵棱条，幼时微被短柔毛，以后脱落近无毛。冬芽卵圆形，红褐色，有数枚覆瓦状排列鳞片，通常无毛。

叶片椭圆形或倒卵形，长4~10cm，宽2.5~5cm，先端急尖或圆钝，稀有渐尖，基部楔形，偶有宽楔形，边缘有稀疏圆钝锯齿，叶面暗绿色，无毛或在脉上散生柔毛，叶背淡绿色，密被柔毛，通常在叶片基部边缘的两侧各有一个腺体。托叶线形，先端渐尖，幼时边缘常有叶腺，早落。

花2朵，簇生于短枝顶端。花冠直径1~1.5cm，花瓣白色，有时带绿晕。萼筒钟状，萼片卵形，萼筒和萼片内外两侧均被短柔毛。花梗长1~1.2cm，无毛或被短柔毛。

果实（图17）通常卵圆形或长圆形，稀有近圆形，果实中大，直径1~5cm。缝合线明显，两侧大小常不对称，与果柄连接处常有短颈。果皮有红色、绿色、黄色、紫色、蓝色等，果粉蓝灰色。果肉黄色，肉质硬，果汁较多，味甜酸，无香味。离核或粘核。核椭圆形，扁，有尖或有颈，侧棱圆钝，表面粗糙或平滑。

花期4月底至5月上旬，果期为8~9月，落叶期为10~11月。

欧洲李的果实除供鲜食外，宜制作蜜饯、果酱、果酒、李脯、李干等。欧洲李喜欢温暖湿润的环境，其根系浅，水平根发达，不耐干旱，适宜栽培在地下水位不深的肥沃而黏重的土壤上。抗寒力不强，在深休眠期只能忍耐短暂时间的-30~-35℃的低温。本种各品种的染色体均为2n=6x=48。与其他种进行杂交，其杂种一代的可孕率很低，只有经过自交之后，才能获得有价值的可孕类型。

欧洲李的花期明显晚于中国李、杏李、乌苏里李、樱桃李、加拿大李、美洲李等。因此可避开晚霜与春寒的危害。

6. 美洲李

别名美国李。原产北美洲，是产于北美的李属植物种中栽培利用最多者。

小乔木，树高4~5m，有时可达7~9m。树冠呈极开张的披散形或伞形，无中心干，枝条角度大，多呈水平或下垂。树干皮为红褐色，纵裂，常有大块鳞片状剥落。皮孔黄白色，凸起，梭形，横裂。从大枝上着生许多呈钝角的针刺状短枝，长3~5cm。短枝基部粗，向上渐细，顶端为细尖叶芽。新梢黄绿色，有毛，1年生枝红褐色，无毛。

叶片大，长6~10cm，宽4~5cm。倒卵圆形或长倒卵圆形。先端突渐尖，基部楔形，边缘有尖锐重锯齿，叶正面深绿色，背面浅绿色，叶背有毛或仅在主脉上有短柔毛。托叶2个，披针形，长1~1.2cm，先端渐尖，一侧有深裂，边缘有红色腺体，两面密被茸毛。叶柄长1~1.5cm，有两个红色腺体。

花芽形成于针刺状短枝和1年生枝上，后叶开放。每个花芽有2~5朵花，簇生。花冠直径2~3cm，花瓣白色，花丝白色。萼片红色，萼筒钟状，上部黄红色，靠近花柄处为黄绿色，有稀疏茸毛。花柄长1.5~1.8cm，有茸毛。

果实圆锥形或椭圆形，直径2~4cm。果皮多为红色、橙黄色或红黄色，纯黄色较少。果皮厚、柔韧，有果粉。果肉黄色，柔软多汁，纤维多，味甜或酸，香味少，皮部及近果核处有涩味。粘核，或离核，核扁圆形，核面光滑。

花期比中国李明显迟，但比欧洲李早，4月末或5月初盛花，果期7~9月，落叶期10~11月。

美洲李的果实可鲜食亦可加工，其果皮坚韧，较耐运输。美洲李花期较晚，花量很大，但坐果率低，主要是有30%~40%花的雌蕊发育不健全。本种对土壤适应性强，抗旱和抗寒力均强，植株和花芽能忍耐-40℃的低温，可在中国最北部地区栽培。

7. 加拿大李

原产于加拿大和美国。多生于高原上的开阔林地和河谷两岸，生长地为石灰质土壤。小乔木，树高5~9m。树冠卵圆形，紧凑，老皮紫褐色。皮孔白色，横生。枝条多弯曲向上生长，多年生枝有针刺，刺长3~5cm，基部粗，向上渐细，顶端细而尖，刺的顶芽和侧芽多不萌发。1年生枝灰褐色，无毛，有光泽。新梢绿色，有茸毛。

叶片椭圆形或倒卵形，先端渐尖或长尖，基部宽楔形或心脏形，叶长7~8cm，宽4~5cm。边缘具复钝圆锯齿，齿尖幼时有褐色腺体，后即消失。叶片正面黑绿色，无毛，背面绿色，有茸毛。托叶披针形，有茸毛，叶柄长1~1.5cm，有茸毛，有两个绿色腺体。

花3~4朵，簇生。花瓣白色，开后转粉红色，花冠直径2~3cm。花丝、萼片、萼筒及花柄均为红色。萼筒钟状。花柄长1~1.5cm，无毛。

果实小，椭圆形，长2~3cm；果皮红色、黄红色或黄色，有果粉，果皮厚韧，味涩。果肉黄色，多汁，有纤维，味酸甜，近果核处酸涩，无香味。粘核，核广椭圆形，扁平，翼明显，核面光滑。

花期4月下旬。果期8月下旬，落叶期10~11月。

加拿大李花期比中国李、乌苏里李、杏李、樱桃李均晚。抗寒力仅次于乌苏里李，能长期忍耐-40~-45℃低温，可在中国东北地区生长。抗旱性超过乌苏里李。抗烂皮病。枝条硬度大，抗风力强。先开花后出叶。丰产，果实耐贮运，采后能后熟。是抗寒育种的良好材料。$2n=2x=16$。

8. 黑刺李

别名刺李。原产于欧洲、西亚和北非等地。

灌木、高1~3m，偶有乔木，高4~8m；树皮深灰褐色；枝条稠密，树姿开张，枝条上生有大量针刺；老枝粗壮，红褐色，无毛；小枝红褐色，密被短柔毛；新梢绿色、具茸毛。冬芽卵形，先端圆钝，紫红色，有数枚覆瓦状排列的鳞片，鳞片外面有短柔毛。

叶片长圆倒卵形或椭圆状卵形，稀有长圆形，长2~4cm，宽0.8~1.8cm，先端圆钝，基部宽楔形，边缘有细钝锯齿，有时具重锯齿，叶正面暗绿色，粗糙，有稀疏贴生短柔毛，背面黄绿色，侧脉4~5对，被柔毛，逐渐脱落。叶柄长5~7cm，被柔毛，无腺体。托叶膜质，披针形，先端渐尖，早落。

花多单生，先于叶开放，花梗长1~1.5cm，直立，无毛或微被柔毛。花小，花冠直径1~1.5cm，花瓣白色，长圆形，先端圆钝，基部楔形，有时带浅紫色脉纹，着生在萼筒周围。雄蕊20~25枚，紧密排成不规则两轮，着生在花盘边缘，花盘圆盘形，雄蕊与花瓣近等长。雌蕊1枚，心皮无毛，柱头头状，花柱比雄蕊稍长或接近等长。

果实圆球形、广椭圆形或圆锥形，先端急尖，直径1~1.5cm，紫黑色，具浅蓝色果粉，果肉绿色，酸甜，极涩，无香味，果汁少；粘核，小核，斜扁圆形，核面粗糙，背缝开裂，腹缝厚而圆钝，仁苦。

花期4月下旬，果期8月下旬，落叶期10~11月。

黑刺李的果实刚采收时不能食用，经冰冻以后，果肉的单宁和含酸量均减低。味变甜，可食。果实可做酒、果冻和果干等。黑刺李的根蘗分生能力很强，有很强的适应能力。可与樱桃李及其他李属种杂交，也可用做李和桃的矮化砧木或用做盆栽的砧木，还可利用其多刺与根蘗多的特点，作为绿篱栽植。其叶可代茶。$2n=4x=32$。

第二节
李地方品种的自然分布

我国李的地方品种主要是中国李，品种丰富，分布极广，除青藏高原的高海拔外，从最南部的台湾至最北部的黑龙江，从东南沿海至最西部的新疆，均有栽培、半栽培或野生的李资源，垂直分布最高处可达海拔4000m。

1. 中国李

中国李分布最为广泛，从北部黑龙江至南部云南西双版纳，从东部及东南部沿海至青藏高原，海拔100~3300m，均有中国李栽培。常见于山坡灌木丛林、山谷疏林带或水边、谷底、田边、路旁、宅旁等处。

中国李的变种毛梗李原产于甘肃和云南，多分布于甘肃、四川和云南；生于灌丛中或林边，海拔1600~1800m。椋李原产中国福建，为中国李的栽培变种，分布于福建、浙江、广东、广西、湖南、江西、云南、四川等地；海拔300~800m（张加延，1990b）。

2. 杏李

主要分布于河北、辽宁、吉林、北京、山东、河南、陕西、山西、内蒙古、新疆等地，海拔500m以下。约于1627年传入法国，1880年传入美国，现日本以及美洲、欧洲的许多国家均有栽培。

3. 乌苏里李

主要分布在辽宁、吉林、黑龙江等地，俄罗斯、朝鲜、日本等国亦有栽培。在俄罗斯的远东地区是主要的栽培果树，近年来在西伯利亚和乌拉尔亦开始大量栽培。曾在鸭绿江边、黑龙江沿江地区、长白山山谷和乌苏里江地区，于疏林边或溪流附近，找到过野生或半野生资源，海拔450~780m。

4. 樱桃李

主要分布在新疆伊犁地区，除新疆外，在西藏、北京、辽宁等地亦有少量栽培，海拔20~3800m。在中亚、天山、小亚细亚、巴尔干半岛均有分布，在欧洲、美洲各国广泛栽培。伊朗亦有分布。樱桃李的变型紫叶李在中国分布极广，从广东、广西、福建至北京和辽宁南部，广泛用于园林绿化中。

5. 欧洲李

野生种产于中国的新疆，其栽培品种是在1855年左右传入中国的，最先栽培的地区是山东的烟台，以后又在河北的昌黎至北戴河一带栽培，现在新疆、河北、山东、北京、辽宁、吉林、西藏、云南等地均有栽培。其栽培品种广泛分布于欧洲、美洲和亚洲各国。

6. 美洲李

原产北美洲，美洲李是在近100年内，首先传入中国的东北地区，然后逐渐扩散。现在黑龙江、吉林、辽宁、河北、北京、天津、新疆等地有少量栽培。

7. 加拿大李

野生于加拿大和美国，喜生于高原上的疏林地和河谷两岸。在中国仅在黑龙江、吉林、辽宁、西藏、北京等地有少量栽培，多用于绿化。

8. 黑刺李

原产欧洲、北非、西亚。多生于森林草原地带、林中旷地、林缘和河谷旁，海拔800~1200m。在中国仅分布于新疆的塔城一带，为半栽培状态。近年北京、辽宁有少量引种栽培，多用于绿化。

第三节
李地方品种的优势产区

　　20世纪60年代以来，中国李的栽培面积与产量逐年呈上升趋势（图18）。据世界粮农组织公布的数据，2014年，世界李栽培面积252.11万hm²，产量1128.2527万t，其中我国李栽培面积182.78万hm²，产量624.16万t（表2），中国李栽培面积占到了世界的70%以上（图19），产量占到了50%以上。2016年我国李种植面积约190万hm²，产量达到了649万t。尤其是我国在改革开放后30年来，李子的栽培发展迅速，为农村经济建设和增加农民收入做出了贡献。

　　李子在我国各地栽培十分广泛，由于各地的生态条件差异较大，加上长期的自然驯化和人为选择，形成了许多各具特色的栽培区域和地方品种群。

一　东北栽培区

　　东北栽培区包括黑龙江省、吉林省、辽宁省和内蒙古自治区东部，即东经110°00'～135°00'、北纬37°00'～53°43'的地区。本区气候寒冷半干旱，冬季时间较长，春、秋季节较短，年平均气温0～10.3℃，1月平均气温-26.6～-5.2℃，7月平均气温20～25.6℃；≥10℃的年积温2000～4000℃，持续日数为125～180天；年日照为2400～3200小时，无霜期100～180天；年降水量为100～800mm，长白山、鸭绿江一带的年降水量可达1200～1400mm。全区降水量呈由西向东逐渐增加的趋势，雨季为7～8月。本区土壤为褐色土、黑钙土、草原土等类型，局部地区有盐碱土。

　　李资源在本区分布于海拔800m以下。其栽培北界由东向西是：黑龙江的富锦（N47°15'）、鹤岗（N47°21'）、伊春（N47°40'）、海伦（N47°26'）、依安（N47°50'）、齐齐哈尔（N47°20'），内蒙古的林东（N44°00'）、临河（N41°00'），这也是中国李栽培最北界。

　　本区的李有7个种，主要栽培种为中国李，少量栽培的有杏李、欧洲李和美洲李，偶见加拿大李和乌苏里李，辽宁南部为中国樱桃李中红叶李变型的栽培北限。在鄂伦春和大兴安岭的加格达奇等地有野生李资源。国家李树种质资源保存圃设在辽宁熊岳（刘威生，2010）。

　　这一地区的李优良品种有'绥棱红''跃进李''美丽李''绥李3号''香蕉李''秋李''朱砂李''紫李''龙园蜜李等'（李家福，1983；张冰

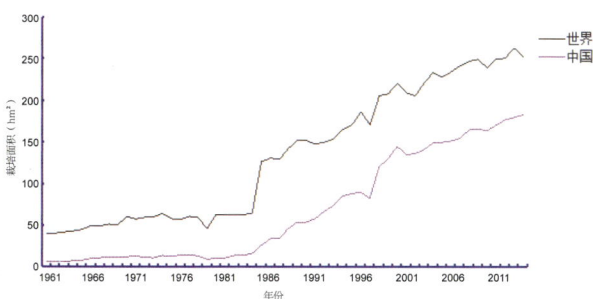

图18 1961-2014年世界与中国李栽培面积（来源：FAO）

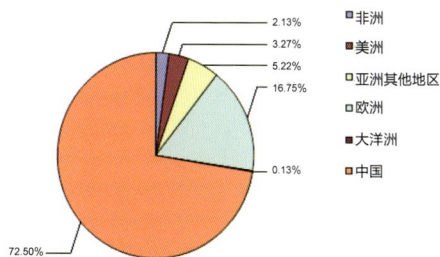

图19 2014中国李栽培面积与世界各地比较（来源：FAO）

表2 我国李历年的栽培面积与产量

年份	面积（hm²）	产量（t）	年份	面积（hm²）	产量（t）
1961	63000	420000	1988	460000	780000
1962	66000	378000	1989	540000	800000
1963	68000	395000	1990	540000	850000
1964	75000	375000	1991	585000	1050000
1965	80000	405000	1992	670000	1339000
1966	105000	371000	1993	740000	1540000
1967	110000	375000	1994	850000	1859000
1968	125000	370000	1995	879000	2170000
1969	115000	380000	1996	899000	2400000
1970	125000	380000	1997	826000	2894000
1971	130000	360000	1998	1200000	3125000
1972	120000	450000	1999	1300000	3880000
1973	110000	500000	2000	1450000	3900000
1974	140000	500000	2001	1350000	4026000
1975	130000	440000	2002	1360000	4363000
1976	145000	420000	2003	1410000	4400000
1977	150000	385000	2004	1494000	4800000
1978	135000	444000	2005	1500000	5200000
1979	95000	400000	2006	1515000	5300000
1980	105000	420000	2007	1546500	4800000
1981	110000	440000	2008	1650000	5200000
1982	140000	450000	2009	1660000	5350000
1983	140000	530000	2010	1638786	5460027
1984	165000	605000	2011	1705329	5799345
1985	260000	680000	2012	1766600	5942918
1986	340000	630000	2013	1797782	6092277
1987	345000	670000	2014	1827753	6241635

注：资料来源于CGRIS中国作物种质资源信息系统

冰，1997）。这一地区李资源的特点是抗寒力强。

本区李的主要经济产地是：黑龙江省的绥棱县、明水县、呼兰区、宾县、巴彦县、尚志市、牡丹江市、密山市、海林市、勃利县、富锦市、东宁县等地及友谊农场与597农场等；吉林省的永吉县、延吉市、和龙市、蛟河市、东丰县、柳河县、通化县、桦甸市、长春市等地；辽宁省的葫芦岛市、凌海市、瓦房店市、兴城市、盖州市、普兰店市、东港市等地；内蒙古自治区的赤峰市。全国栽培李树最集中的地区是辽宁的葫芦岛市，这也是中国北方李产量最多、栽培面积最大的市之一。

二 华北栽培区

包括河北省、山东省、山西省（图20）、河南省、北京市和天津市，即东经110°00′~123°00′、北纬32°00′~42°00′的地区。

本区夏热多雨，冬寒干燥，春天多风沙，秋季短促。年平均气温10~16℃，1月平均气温-10~0℃，7月平均气温22~27℃；≥10℃的年积温3000~4000℃，持续150~200天。年日照2400~2800小时。无霜期150~220天。年降水量500~800mm，雨季为7~8月。

本区土壤为褐色土或黄壤土，沿海、黄河与海河故道为轻盐碱土，地势多为平原和丘陵，全区均有李树分布。

本区分布李有7个种，中国李为主栽种，欧洲李和杏李有少量栽培，偶见美洲李，城市绿化多用樱桃李的红叶李、紫叶李等变种，在北京植物园保存有黑刺李和乌荆子李两个种。本地区李的果实较大，有许多品种单果重达50g左右，最大果可达100g左右，如'香扁杏李''五香李''玉皇李''帅李''晚红李''平顶香李''西瓜李''七月香李'等。

这一地区李品种资源虽然丰富，自然条件适宜

图20 山西李栽培区大生境（曹秋芬 摄影）

李树生长，但是由于本区是中国苹果的主要产区，占全国苹果产量的70%～80%，所以其他果树发展得较少较慢，李没有形成集中连片的经济产地。栽培相对较多的地区有河北省的昌黎县、怀来县、易县、遵化市等地；山东省的沂水县、沂源县、临沭县、昌乐县、安丘市、乳山市、莱阳市、单县等地；北京市郊区、南口农场等地；山西省的阳高县、大同县、永济市、夏县等地；河南的济源市、孟州市、博爱县、巩义县、辉县、洛阳市、南乐县、内黄县等地。

根据2010—2013年统计数据，山东省17个地市共有李种植面积3681hm²，年产量4万t，全省李平均亩产665.4kg。各地市种植面积相差很大，其中青岛市、临沂市为李主栽区，种植面积均为700hm²，其次是烟台、潍坊市、淄博市种植面积均为500hm²，东营市、莱芜市面积不足2hm²。这可能与山东省立地条件、当地栽培历史和主营方向有关。东营市、聊城市分别为典型的滨海与内陆盐碱地，莱芜市为面积小、矿藏丰富的丘陵地区，加之传统的栽培模式，李产业发展受到一定的限制，而在烟台市、青岛市等东部水果主产区，栽培技术完善，为李种植提供了有利条件。2010—2013年，除菏泽市外，各地市李种植面积稳中有降，但亩产量却在稳步提升。2012年，烟台市李产量比2010年增加39%，菏泽市李产量增加了3倍，这说明李产业正在由原来的散户种植向中小密集李园发展，在更新优良品种资源的同时，优化栽培技术与模式，产量稳中有增（牛庆霖等，2015）。

山东省李主栽品种有2种类型，中国李品种与欧洲品种，前者主要用于鲜食水果，后者多用于果脯加工等相关产业。山东省的主栽品种有：'御黄李''秋香李''杏李''秋红李''红喜梅''脆红李''宝石李''秦红李''帅李''大青李''平顶香李''红美丽''李王''牛心李''井上''女神'等（牛庆霖等，2015）。

三 西北栽培区

包括陕西省、甘肃省（图21）、青海省（图22）、宁夏回族自治区和新疆维吾尔自治区（图23）及内蒙古自治区西部，即东经73°00'~110°00'、北纬32°00'~49°00'的地区。

本区属于大陆性干旱气候，冬春寒冷时间较长，但气温不过低，夏季平均气温又不过高，降水量少。年平均气温-5~14℃，1月平均气温-15~0℃，7月平均气温15~25℃，≥10℃的有效积温为2500~3500℃，持续时间150~200天，年日照时数2600~3400小时，无霜期100~200天，年降水量50~400mm。

这一地区地势较复杂，区内多高原和盆地，土壤多为黄色壤土，土层深厚，大多50~150m，有部分黑钙土、栗钙土及盐碱土等。李资源分布最高海拔为2700m（青海）。由内蒙古的临河（N41°00'）、新疆的哈密（N43°00'）、奎屯（N44°35'）、塔城（N47°00'）、阿勒泰（N48°00'）一线为中国栽培李分布北界的西段。

本区李共有6个种，除新疆是以欧洲李为主栽种外，其余四省（自治区）均以中国李为主栽种。杏李和美洲李只有少量栽培，黑刺李仅在新疆塔城一带偶见，樱桃李分别在新疆霍城科古尔琴山的小西沟、大西沟河流沿岸（图24）及南疆各地有分布。中国李的一个变种——毛梗李，分布在甘肃的兰州一带。近年在新疆的巩留和新源，首次发现并报道了4处成片的野生欧洲李资源。

本地区的李资源抗寒、抗旱，果实较小，但其含糖量较高，一般品种的可溶性固形物可达17%~20%，最高达23%（'奎丰李'）。新疆欧洲李的优良品种有'贝干''阿米兰''爱奴拉''小酸梅''大酸梅'等。中国李的良种有'奎丰''奎丽''奎冠''玉皇李'等。杏李良种有西安'大黄李''转子红'等。

栽培李较多的地区是陕西的巴山山区各县；宁夏的灵武；甘肃的成县、天水、临夏等地；青海的贵德、民和等地（图25）；新疆的南疆各县及北疆的伊犁（图26、图27）、塔城、奎屯等地。

图21 甘肃李栽培区小生境（曹秋芬 供图）

图24 新疆伊犁大西沟李栽培区生境（曹秋芬 摄影）

图22 青海李栽培区大生境（孟玉平 摄影）　图23 新疆维吾尔自治区李栽培区生境（曹秋芬 供图）　图25 青海民和李栽培区（孟玉平 摄影）

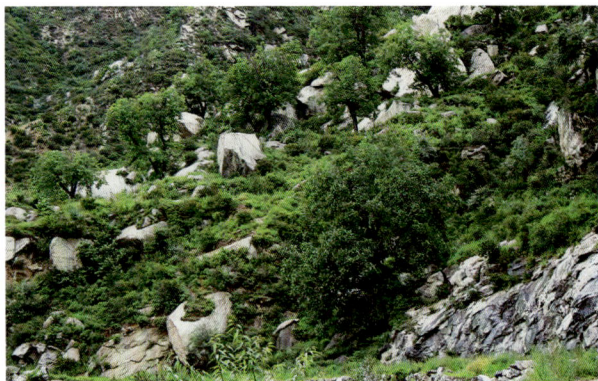

图26 新疆伊犁李栽培区生境（孟玉平 摄影）

图27 新疆伊犁栽培区大生境（曹秋芬 摄影）

图28 李果实（孟玉平 摄影）

四 华东栽培区

包括江苏省、安徽省、浙江省、福建省、台湾省和上海市，即东经115°00'～122°00'、北纬23°40'～35°00'的地区。

本区属于温带—亚热带气候区，多受湿润季风的影响，海洋性气候由北而南，由西向东逐渐显著。年平均气温13～22℃，1月平均气温0～15℃，7月平均气温27.5～30℃，≥10℃的年积温4500～8500℃，持续时间达200～300天。年日照时数1800～2400小时，无霜期200～350天，年降水量800～1600mm，雨季为4～6月。

本地区的地势，除上海和江苏为平原外，其他多是山地。武夷山的黄岗山海拔2158m，为本地区陆地最高峰。台湾阿里山的玉山海拔3950m，为本区最高峰。本区土壤为黄褐土或红壤土，pH5.5～6.5，为微酸性。

李在本区主要分布于海拔1000m以下，最高可达2000m（台湾的梨山），多数栽培在海拔200～500m处的山丘上。本区共有4个种，主栽种为中国李，有少量欧洲李、美洲李及樱桃李的变种红叶李。在浙江、福建一带有中国李的一个新变种——椋李。本区李的特点是果实较大（图28），多红肉类型，适宜加工加应子、蜜饯等，李的产量较高，但抗寒力较差，适宜高温多湿的生态环境。主要良种有'槜李''红心李''芙蓉李''花椋''花螺李''苏丹李''圣大罗莎''美丽李''牛心李''夫人李''桃子李''早黄李'等。福建省主栽品种以红肉类型的'胭脂李''芙蓉李'和黄肉类型的'油椋'为主，'芙蓉李'种植面积占福建李面积60%以上。

本地区是中国李的主要产区，产量较多地区有江苏省溧阳、徐州、铜山、南京等地；安徽省的濉溪、萧县、砀山、淮南、休宁、歙县、绩溪等地；浙江省的东阳、诸暨、金华、桐乡、奉化、乐清、平阳、衢州、嘉兴、宁波等地；福建省的福安、永泰、霞浦、南安、沙县、古田、建瓯、闽清、诏安等地；台湾的南投、苗栗、新竹、宜兰、台中、员林、台东、梨山、雾社和花莲等地。主栽品种为'芙蓉李'。

江苏省地处暖温带与北亚热带过渡地区，气候温和，四季分明，年平均气温6.5～13.5℃，由东北向西南气温逐渐升高，内陆高于沿海，全年日照时数2000小时左右，无霜期在180～250天，年平均降水量700～1100mm。过渡地带的气候决定了江苏省果树种类的丰富，既有常绿果树，又有落叶果树。但江苏省苹果、梨无论是规模还是质量与我国北方主产区都存在差距，柑橘等又不如我国南方果区，从而使江苏省大宗果品的生产难以与其他省份相比。自然条件决定了江苏省发展果树生产的方向，也为在交通便利、消费水平较高的江苏省栽培最适宜的应时鲜果李、杏等果树的发展提供了契机。2000年，江苏省李栽培面积607hm²、总产量

2938.5t，栽培面积和产量分别比1982年增加221%和182%。2005年全省果园面积约24.7万hm²，果品总产量约196万t，其中李约693hm²，年产李鲜果约3698t；2006年全省果园面积约24.2万hm²，果品总产量约220万t，其中李约920hm²，年产李鲜果约3944t。李的种植面积和占果品总量的比例均有所上升。

目前江苏省李栽培主要集中在苏北三市（徐州市、连云港市、淮安市），栽培面积为435hm²，产量2634.5t，分别占全省李栽培面积和产量的71.7%和89.7%；苏南地区李栽培面积为165hm²，产量243t，分别占全省李栽培面积和产量的27.2%和8.3%。苏中地区李栽培面积和产量最少。江苏省李品种多以当地地方品种和不同时期从境外引入品种组成。品种丰富，李品种多达130个，主要有'大石早生''早黄李''大石中生''金沙李''美丽李''玫瑰李''离核李''大只李''嘉庆子''黑宝石''黑琥珀''澳大利亚14号''皇后''玉皇李'等（郭忠仁等，2008）。

福建省属南亚热带地区，是李的南缘产区，种植中国李3.17万hm²、榉李2.14万hm²。李是福建省最大的落叶果树栽培树种，属于传统特色名果，以其形美质优名扬国内外，鲜食品质尤其突出。福建省还是榉李历史记载最多、年代最久的地区，最早可见于《莆阳县志》《八闽通志福州府》等，目前普遍认为福建是榉李的原产地。

福建省各产区可收集到的李资源超过70个，从系统分类学上分，主要包含中国李和欧洲李两种类型。生产上栽培面积较大的李品种主要是中国李，欧洲李少量引种，但基本没有成规模栽培，樱桃李类型主要分布的是红叶李。从用途上可分为加工和鲜食两种类型，其中加工类型主要以中国李的'芙蓉李''胭脂李'为主，鲜食则以中国李变种'油榉'和'黑琥珀'等国外引进品种为主，生产上这两个类型经常有交叉，近年'芙蓉李''胭脂李'用于鲜食的份额增长较快。

从果肉颜色上分，福建省李资源主要包含了红肉和黄肉两种类型，主栽品种以红肉类型的'胭脂李''芙蓉李'和黄肉类型的'油榉'为主，'芙蓉李'种植面积占福建省李面积60%以上，但各产区主栽的'芙蓉李'在某些性状方面存在部分差异，生产上国外引进品种以黄肉类型为主，种植面积较

大的是'黑琥珀'。从果实生育期上分，福建省的李资源包含了早熟（'三月李'，生育期70天）、中熟（'胭脂李'，生育期95天）、晚熟（'芙蓉李'，生育期105天）、特晚熟（'秋姬李'，生育期140天）等4个类型（曾洪挺，2012）。

福建省李资源最多的古田，大约有品种资源超过35个，还不包括一些新的变异资源，欧洲李也主要在这个产区分布，可以说古田是福建李的资源保存圃。永泰作为福建省最大的李产区，资源也相对较丰富。福建省其他产区，李资源相对较少、较单一，三明、龙岩则主要分布'芙蓉李''秋姬李'和'黄杏李'，漳州和泉州主要分布'三月李'和'三华李'等早熟品种。宁德、南平则以'芙蓉李''油榉'和'青榉'为主。作为传统的榉李产区，还分布有一些榉李变异优系或单株（廖汝玉等，2014）。

五 华中栽培区

本区包括湖北省、湖南省和江西省，即东经108°30'～118°30'、北纬24°30'～33°30'的地区。

本区属于亚热带湿润季风气候。年平均气温13～20℃，1月平均气温1～9℃，7月平均气温24～31℃；≥10℃的年积温5000～6500℃，持续日数为225～290天；年日照时数1400～2000小时，无霜期250～350天，年降水量1200～1600mm，雨季湖南省和江西省为4～6月、湖北省为6～8月。

本区山地和丘陵占总面积的70%～80%，区内多河流和湖泊，土壤为黄褐壤土或红壤土，微酸性。全区均有李资源分布。

本区有中国李（包括变种榉李）、欧洲李、美洲李和樱桃李（红叶李变种）4个种，中国李为主栽种。本地区的李资源耐高温，不耐寒冷，栽培品种良莠不齐，优劣差异较大。优良品种有'白糖李''苹果李''空心李''玉皇李''红心李''芙蓉李''花榉''青榉''油榉''黄冠李''前坪李''黑宝石'等（李顺望等，1986）。

江西省主要集中在赣州、吉安、宜春三个地区，其中赣县、南康、于都、瑞昌和永新等地最多，上犹、崇义、安远、宁都、会昌、兴国、吉水、安福、万安、遂川、宁冈、寻乌等地次之。湖南省以衡山、道县、花垣、凤凰、长沙、宁乡、沅

江、石门、慈利、常宁、汝城、新化、新邵、溆浦等地为主要产区；湖北省以当阳、随州、宜昌、枝城、阳新、宣恩、恩施、巴东、秭归、枣阳等地为主要产区。湖北省是中国李的主要原产地之一，品种资源丰富，全省各山区有丰富的野生李（又名苦李），分红色果、黄色果两个类型，多分布在海拔40~1800m地带（陈庆宏，1990）。

（六）华南栽培区

本区包括广东省、广西壮族自治区和海南省，即东经104°30'~116°30'、北纬21°00'~26°20'的地区。

本区为亚热带湿润季风气候。年平均气温17~26℃，1月平均气温6~21℃，7月平均气温25~29℃；≥10℃年积温6000~8500℃，持续日数为260~365天。年日照时数1600~2600小时，无霜期300~365天。年降水量1400~2000mm，雨季为4~6月。

本区山地和丘陵占总面积的60%~85%，区内多河流水源，土壤为红壤土和黄褐壤土，微酸性。

在本区的雷州半岛以南，包括海南、南海诸岛基本没有李资源。从广州至雷州半岛李资源明显减少，且生长不良。因此，本地为中国李的栽培南限，这条南线大体与中国≥10℃年积温为8000℃的等值线相吻合（约N21°00'），此线以南为无李区。在积温7000~8000℃，即广东和广西的南部，李树生长不良，为不适宜李树栽培区。积温7000℃等值线以北李树生长正常，栽培较多，常见与香蕉、枇杷、木瓜等热带果树混生。

据考察，在本地区仅有中国李及变种椋李，未发现其他李种。本区李的特点是耐高温高湿、休眠期短，红肉品种多，果实较大。著名良种有'三华李'品种群，包括'大蜜李''小蜜李''鸡麻李''白肉鸡麻李'；'南华李'品种群，即'正竹系''水竹系'等品种，'鸡心李''椋李''铜盘李''黄腊李''大水李''桐壳李'等。主栽品种为'三华李'。近年'鸡麻李''大蜜李''铜盘早李''黑宝石'等在港澳市场极受欢迎。

广东省是李的南缘产区和中国最大的李产区，种质资源丰富而有特色。广东只有中国李及变种椋李，在北江上游地区（珠江流域）仍有野

生类型分布。经长期人为选择，逐渐演化成了一个独特的南亚热带中国李栽培群体，它们耐热怕寒、低温需求量<600小时。现有本土品种起源中心3个：粤北的南岭山区（翁源、曲江、乳源等地）；粤东的莲花山脉（陆河、普宁、饶平等地）；粤中的罗浮山南麓（博罗、龙门、从化、黄浦等地）。其中南岭山区资源丰富，起源于此的'三华李'品种群、'南华李'品种群是华南品质最优类型。起源于罗浮山南麓的品种多是一些特早熟品种（'早食李''串珠李'等），它们的需冷量可在热带栽培。而起源于莲花山脉的品种一般较酸涩，主要用于加工。

广东省本土品种共有26个，按果皮果肉的颜色分为红皮红肉、红皮黄肉和黄皮白肉三大类。从广东省以北省区及国外引进品种均因低温不足而丧失生产价值（何业华，2014）。

红皮红肉类品种群有'华蜜大蜜李''白脆鸡麻李''瑶山李''小蜜李''从化三华李''腌制李''窄叶三华李'和'中熟三华李'等8个品种，约占全省李栽培面积的75%。该品种群果皮红色并着生大量黄色斑点，果肉紫红色，果粉较多，味酸甜爽口，软熟后会产生类似香蕉香气。适合于年平均温度19~21℃的地区，花期遇0℃以下会产生冻害，而在北回归线以南的地区成花差，物候期混乱。RFLP分析显示，它们能聚成一类，但'腌制李'与其他品种差异也很明显。

红皮黄肉类品种群有'早食李''串珠李''四月李''铜盘早李''铜盘晚李''红串李''慢鸡心''红鸡心''鸡心李'和'大红李'等品种，约占全省李栽培面积的17%。该品种群果皮鲜红，果肉黄红，风味多酸涩，通常果小。其中'早食李'栽培最普遍，其他品种仅有零星栽培并面临消失。

黄皮白肉类品种群有'岭溪李''柰李''红线李''水竹丝李''大黄李''黄串李''黄沙李''青李'等品种，约占全省李栽培面积的8%。该品种群果皮绿至黄绿色，果肉白至淡黄色，其中以'岭溪李''水竹丝李'等南华李系品质好，其后5个品种已逐渐减少，甚至有消失的危险。

广西壮族自治区14个地市，除北海市外，各地均有李的栽培，栽培面积2.7万hm²，年产量50.17万t，名列全国第三，随着纬度的南移，李的栽培规模和品种逐渐减少。

广西壮族自治区在汉代已有李栽培。据民国二十三年（1934）统计总产量25684担。现在广西壮族自治区李主要有三个种：中国李、欧洲李和美洲李，其中中国李为主要栽培种。李品种很多，大部分是地方品种。可分成红皮黄肉、红皮红肉和黄皮黄肉三类（彭宏祥，1995）。果实形状有圆形和扁圆形，颜色有黄色、红色、蜡黄、深红、紫红等，果实大小不等，单果重10～100g，成熟期亦有早熟、晚熟之分。1995年，查明广西壮族自治区李品种有35个，其中包括鲜食加工兼用型优良品种，如'凌云牛心李''瓜李''南丹黄腊李''隆林冰脆李''大梅李''天峨大墨李'和'富川水李'等；引进优良品种有'三华李''青奈'和'黑宝石李'等；野生小果品种有'苦李''苞泡李''豆豆李'等。

广西壮族自治区李资源主要分布于桂西、桂西北、桂东北海拔较高的山区，如凌云、乐业、田林、隆林、西林、那坡、德保、靖西、南丹、天峨、东兰、凤山、河池、临桂、阳朔、兴安、龙胜、全州、富川等县。集中种植区主要分布在桂林、柳州、钦州、百色、南宁、贺州、河池等地。目前李主产区县为八步、灌阳、武宣、环江、全州、灵山、平乐、南丹、上思、天峨、凌云、西林等。其中八步、武宣、灵山、平乐李产业发展保持稳步增长，已成为广西新的李主要栽培区；灌阳、环江、上思、天峨近年来李品种引进和扩种力度较大，成为新的李果产区；武鸣、崇左、鹿寨等老主产区进行农业结构调整，重点发展砂糖橘、早熟温州柑和蜜橙等水果，逐步替代了李的生产（韦发才等，2010）。

七　西南及西藏栽培区

本区包括四川省、贵州省、云南省和西藏自治区，即东经71°00'～110°00'、北纬21°00'～37°00'的地区。

本地区生态条件极为复杂，云南省为亚热带—热带高原型湿润季风气候；贵州省和四川省东部为亚热带湿润季风气候；四川省西部为温带、亚热带高原气候；西藏自治区为高原气候。除四川盆地外，均为高原和高山区，狭谷纵横幽深，上下气温和植被差异很大，李资源分布的垂直高度也

各不相同。四川省分布于海拔100～1900m，其中以海拔220～1350m处最多。贵州省则分布在海拔300～2700m，以海拔300～1700m处最多。野生李资源则分布在海拔600～1800m处，最高达2700m。云南省李资源分布于海拔1100m以上，在滇西的泸水海拔1400m、祥云2200m，滇西北的中甸3300m地区仍有李的分布。在西藏自治区则分布于海拔2700～3800m的地带。

本区有中国李、欧洲李、加拿大李和樱桃李4个种，中国李中包括毛梗李和椋李两个变种。此外，尚有许多野生李资源类型，从树形上看有乔木、灌木和匍匐等类型，从叶片上看有大小之分，从果实上看有红、黄、绿、白等差异，白族、瑶族、彝族等少数民族称之为鬼李子；傈僳族称之为李子涝。

本地区李资源的特点是：引入的栽培品种多，当地野生资源多，果实普遍较小，多垂直分布、没有集中产区。四川省主要栽培品种为'江安李'（白李）'金蜜李''早黄李''玫瑰红李''红心李'等；贵州省主要栽培品种为'酥李'（青脆李）'姜黄李''鸡血李''黄腊李''铜壳李''牛心李'等；云南省栽培'金沙李'最多。

四川省李多集中在盆地南部及东南部边缘山区的古蔺、叙永、江安、泸县、宜宾、武隆、南川、酉阳等市县。在忠县、江津、自贡、南充、蓬溪、巴中、汉源、綦江、乐山、巴塘、合江、会理等市（自治县）也都有一定产量（陶轶凡等，1989）。贵州省李的产量居当地各种水果之首，其中以遵义、毕节、黔南和铜仁四个地区栽培最多（罗福贤，1996）。云南省主要在昆明郊区、呈贡、陆良、文山、玉溪、曲靖等地栽培较多。在迪庆、怒江、大理、曲靖和昭通等地野生李资源较多，其中以迪庆的中甸最多，有几十千米长的野李林带。在格咱等山间谷地，有100余年生的野李树。在西双版纳地区没发现野生李资源，只有栽培的李树，是从广东引入的'三华李'品种，但不能正常休眠，年生育周期紊乱，"大小年"结果现象严重，寿命短，不适合李树生长。

在拉萨附近没有发现野生李资源，但有少量中国李的栽培品种。在林芝市的尼池和布久有少量半栽培的樱桃李，在亚东的上亚东有少量的欧洲李和加拿大李，栽培略多的地区有昌都、山南、日喀则和拉萨等地。

第四节
李品种资源的研究现状

一 李种质资源的收集与保存

果树的科学研究和种质创新是建立在种质资源上的，所以世界上发达国家普遍重视果树品种资源的收集和保存。美国先后在马里兰州、德克萨斯州、加利福尼亚州、纽约州、夏威夷州、佛罗里达州等地建立了8个国家果树种质资源库，其保存的种质资源有所不同。据不完全统计，截止到2012年5月，美国的8个国家果树种质资源库保存果树达46种，保存种质材料总数40000余份，保存苹果、梨、葡萄、柑橘、核桃、李等主要果树资源数达约19000份。

我国党和政府十分重视果树事业的发展。国务院在1956年拟定的全国科技远景规划中提出："要调查、收集、保存、利用我国丰富的果树品种资源"。农业部也发出了"关于全面收集整理各地农作物农家品种工作的通知"。1958年全国各省、自治区、直辖市相继进行了果树资源普查。中国农业科学院果树研究所（一部分后来南下黄河故道地区的郑州市，即后来成立的中国农业科学院郑州果树研究所）为了推动此项工作的开展，先后召开了西北、华东、新疆、云贵及两广等13省（自治区、直辖市）果树资源调查座谈会。到1960年，全国已有18个省（自治区、直辖市）基本完成了野外调查任务。初步查明，河北省有103个种，1000多个品种；山东省有90余个种，3000多个品种；陕西省有185个种，1000个以上品种（或类型）；新疆维吾尔自治区有78个种，17个变种，900多个品种；辽宁省有73个种，20个变种，970余个品种。

因为历史的原因首次普查工作的成果大多得而复失，1979年果树资源考察工作重又提上日程。1979年初，农业部召开"第一届全国农作物品种资源科研工作会"之后，由中国农业科学院果树研究所负责组织编写《中国果树志》。

应该说过去的资源考察工作取得了丰硕的成果，大体摸清了我国果树资源的分布、主要品种，出版了主要果树树种的果树志，建立了主要树种的国家级种质资源圃，用于收集保存各树种的栽培种、地方品种、引进品种、野生种和近缘植物（表3）。截至目前，各国家级资源圃已累计收集了1674份桃资源（郑州729份、南京587份、北京285份、轮台68份、公主岭5份），1768份梨资源（兴城811份、武昌619份、轮台92份、公主岭246份），1164份苹果资源（兴城759份、轮台73份、公主岭332份），2020份葡萄资源（郑州1185份、太谷382份、左家400份、轮台36份、公主岭17份），185份核桃资源（泰安142份、轮台42份、公主岭1份），156份板栗资源（泰安），565份柿资源（陕西），620份枣资源（太谷），560份李资源（熊岳450份、轮台35份、公主岭75份），758份杏资源（熊岳550份、轮台146份、公主岭62份），444份草莓资源（南京254份、北京190份），298份山楂资源（沈阳240份、轮台14份、公主岭44份），16份石榴资源（轮台），173份猕猴桃资源（武汉155份、公主岭18份），10份樱桃资源（公主岭）。加上南方果树，我国自20世纪60年代开展果树种质资源的收集工作，截止到2010年，我国的18个国家果树种质资源圃保存了约25种果树的15000余份种质材料，苹果、梨、葡萄、杏、枣、柿子、荔枝主要果树种质资源保存了14000余份，其中我国原生树种如枣、枇杷、荔枝、龙眼、柿子、杏和李的收集居世界前列。

我国的果树种质资源十分丰富，由于过去财力、物力、人力以及技术条件有限，还有许多地方

表3　我国北方落叶果树资源保存情况　　　　　　　　　　　　　　　　　　　　（单位：份）

	郑州	北京	公主岭	轮台	太谷	南京	武昌	兴城	左家	泰安	陕西	熊岳	南京	沈阳	武汉	总计
桃	729	285	5	68		587										1674
梨			246	92			619	811								1768
苹果			332	73				759								1164
葡萄	1185		17	36	382				400							2020
核桃			1	42						142						185
板栗										156						156
柿											565					565
枣					620											620
李			75	35								450				560
杏			62	146								550				758
草莓		190											254			444
山楂			44	14										240		298
石榴				16												16
猕猴桃			18												155	173
樱桃			10													10
合计	1914	475	810	522	1002	587	619	1570	400	298	565	1000	254	240	155	10411

注：资料来源于FAO

品种未被发现和收集，有许多地方品种不断流失。果树地方品种一般是通过自然实生、芽变或自然变异所产生的优良性状个体被农户发现和保留下来，在不经意间被选育出来，成为地方品种，每种品种的数量稀少，很容易随着时间的流逝而灭绝（图29、图30）。本次李地方品种资源调查又收集保存了李地方品种100余份，着重针对过去遗漏的、濒临灭绝的、分布偏远分散的、近年来新发现的地方品种展开调查收集。本次调查通过地方农林管理部门的协助，排查摸底，走访农村（图31、图32），找准目标后进行实地调查（图33～图35），详细记录了品种名称、树龄、树体大小、小生境（图36）、大生境（图37～图40）、植物学性状、生物学特性、物候期、抗逆性、丰产性等；采集接穗（图41），培育苗木，保存于中国农业科学院郑州果树研究所果树农家品种资源圃中。

图29　搬迁后的村庄1（孟玉平　摄影）

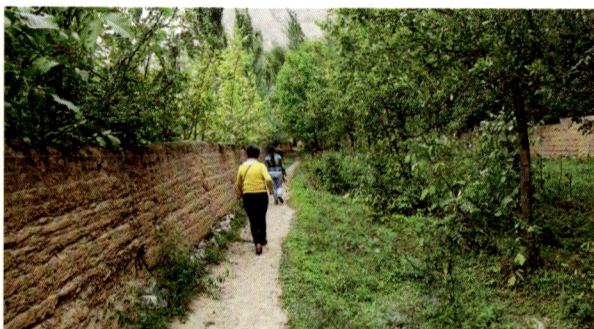

图30 搬迁后的村庄2（孟玉平 摄影）

图31 实地走访（曹秋芬 摄影）

图32 实地走访（曹秋芬 摄影）

图33 甘肃省陇南市调查（曹秋芬 摄影）

图34 甘肃省秦安县调查（曹秋芬 供图）

图35 甘肃省张家川回族自治县调查（王亦学 摄影）

图36 李栽培区小生境（孟玉平 摄影）

图37 大生境（青海）（曹秋芬 摄影）

图38 大生境（山西）（孟玉平 摄影）

图39 大生境（甘肃）（孟玉平 摄影）

图40 大生境（新疆）（曹秋芬 摄影）

图41 接穗（李好先 供图）

二 李品种资源遗传多样性研究

　　1979—1999年，辽宁省果树科学研究所组建了由28个省（自治区、直辖市）60余个单位200余名科研、教学和生产技术人员参加的全国李杏资源研究与利用协作组及专业考察组，逐省（自治区、直辖市）进行李与杏种质资源的考察收集、鉴定评价及开发利用研究。历时近20年，专业小组先后深入到29个省（自治区、直辖市）的298个县（区、镇）进行了366个县（次）的实地考察，共深入到850余个乡（镇）村、农（林）场和科研单位，考察各地李杏栽培品种、野生与半野生类型的种类、数量、来源、栽培历史、生产现状、分布区域等，进行实地拍照、现场描述记载、采集接穗、压制标本、繁育苗木，建成了国家李杏种质资源保存圃。对收集入圃的资源及时进行形态特征、生物学特性、物候期、农艺性状、果实经济性状、加工性状、同工酶、染色体、抗逆性状以及分子水平的系统鉴定与评价。并出版了《中国果树志·李卷》，奠定了我国李果树的科研基础，取得了丰硕的研究成果（张加延，1990a）。

考察发现，我国李有8个种，800余个品种或类型，资源种类、数量均居世界第1位；明确了我国李的分布，北界东达黑龙江省黑河至依安一带（N48°），西至新疆托里（N46°），南至广东雷州半岛（N21°）附近，并划出了实际分布的南北界线；在福建省山区发现了李属新变种椋李；首次发现了我国有野生的欧洲李和樱桃李群落，鉴定研究证明欧洲李起源于我国，这是世界上唯一的野生欧洲李自然群落，位于新疆维吾尔自治区新源县和巩留县的天山野果林中。"国家果树种质熊岳李杏圃"收集入圃李资源8个种500份资源；鉴定确认了19个农家良种；鉴定评价筛选出一批果实经济性状、生物学性状、抗逆性状特异及多倍体李种质资源（张加延，2011b）。

1. 果实经济性状特异的种质资源

（1）耐藏的李资源　福建沙县的'花奈'，湖北荆寨的'大灰李'，辽宁连山的'秋李'，北京'晚红李'，南京的'加庆子'，浙江的'奉化李'，山东聊城的'玉皇李'等。

（2）大果型李资源　福建的'油奈'和'青奈'，山东的'帅李'，河北的'香扁李'，辽宁的'美丽李'等，以及近年新引进的'安哥诺''黑宝石''玫瑰皇后''秋姬''李王''幸运李''红沸腾李'及欧洲李中的'总统李'等。

（3）高可溶性固形物李资源　黑龙江绥棱的'晚熟李'和新疆奎屯的'奎丰李'（20.1%），甘肃天水的'苏格李'（20.5%），新疆伊犁的野生欧洲李（22.1%~22.7%），欧洲李中的'甘李子'（23.7%）。

（4）高酸李资源　'伊犁樱桃李'（2.7%），'北京樱桃李'（2.9%）。

（5）高维生素C李种质资源　'金琥珀'（9.7mg/100g），'太阳李'（9.7mg/100g），意大利'佛罗信彦李'（10.6mg/100g），美国'BY-68-119李'（14.7mg/100g）。

2. 生物学性状特异的种质资源

（1）极早熟的李资源　日本的'大石早生李'和安徽宁国的'珍珠李'（65天），福建永泰的'珍珠李'（65天），'意李2号'（61天）。

（2）极晚熟的李资源　'木里李'与'澳大利亚14号'（140天），广东的'大蜜李'，福建的'青奈'和'黑宝石'及辽宁的'秋香李'（150天），美国的'安哥诺李'（170天）。

（3）自花结实率高的李资源　北京的'美国大李'（10.3%），'美国牛心李'（10.5%），'澳李14号'（20.5%），'晚黑李'（33.3%），'冰糖李'（41.2%），'秋香李'（25.9%），'理查德早生李'（26.0%）。

3. 抗逆性状特异的种质资源

（1）极抗寒的李资源　'尼格拉'（加拿大李），'红干核'，'美国牛心李'和'绥棱香蕉李'（乌苏里李），其致死临界温度为-48.2～-46.1℃。'理查德早生'（欧洲李）冬季可抗-30℃的低温。

（2）抗盐的李资源　'晚熟小黄李''中熟小黄李'和'小紫李'，在NaCl含量为0.3%的土壤中，只有轻微不良表现。新疆'红果樱桃李'在NaCl含量为0.3%的土壤中，能正常生长。

（3）抗涝的李资源　吉林的'小黄李'，其在含水量饱和的土壤中可以生长很久。

（4）抗病的李资源　对细菌性穿孔病高抗的'大石早生李''绥李三号'和'北京樱桃李'。对细菌性穿孔病免疫的乌苏里李、红叶李和黑刺李。

4. 多倍体李资源

有三倍体中国李'绥棱晚熟李''73-81'和大叶砧木；中国李'安家晚熟李'为四倍体品种；中国李资源郑州'大玫瑰李'和'长春锉李'是嵌合体品种（张加延，2011a）。

5. 遗传多态性分析及起源、分类研究

针对收集到的各种李树品种资源，许多农业科研人员通过性状调查与分子标记等方法与技术，进行遗传多态性分析及起源、分类研究。郁香荷等（2011）通过对李种质资源圃中的品种进行形态和农艺性状的遗传多样性分析，认为南方品种群是最为原始类

型，长江流域可能为中国李多样性中心和起源中心。冯晨静（2005）通过RAPD、SSR及ISSR分子标记对60份李品种进行分析，认为李属植物可以分为三类：杏、杏李杂交种；中国李系统品种；黑刺李、欧洲李的栽培品种和新疆欧洲李野生种。刘威生（2005）通过对100余份李及其近缘种进行RAPD、ISSR和SSR多态性分析，提出李属植物可以分为"杏与杏和李杂种组""中国李系统品种组"和"欧洲李品种组"三类。而中国李资源可以划分为东北品种群、北方品种群、南方和国外品种群。左力辉等（2015）、孙萍等（2017）均通过SSR标记遗传多样性分析，发现南方品种与国外品种亲缘关系较近。王进等（2008）对重庆地方李品系和国内外引进的李品种共40份资源进行了ISSR分析，筛选到9条特征性条带可用于品种鉴定和系谱分析的参考性标记。陈红等（2014）利用ISSR分子标记技术对45份贵州李资源进行遗传多样性分析和亲缘关系鉴定，区分了同名异物的李资源。方智振等（2016）以'芙蓉李'的转录组数据为基础，开发SSR分子标记引物，为李种质资源多样性、品种鉴定及亲缘关系研究等奠定了基础。

6. 基因克隆及功能研究

近年来随着测序技术的不断发展，农业科研人员对李的自交不亲和、抗病及品质等相关基因进行了克隆及分子生物学的研究。

郭庆勋等（2010）以'九台晚李'叶片基因组为模板，克隆得到一个多聚半乳糖醛酸酶抑制蛋白（Polygalacturonase inhibiting protein，PGIP）基因，为李树分子抗病育种提供了一条新的基因资源。在已克隆的中国李ChPGIP基因序列的基础上，通过染色体步行法获得了该基因上游1869bp的启动子序列，生物信息学分析其调控元件，包含1个TGA1结合位点和2个WRKY结合位点，为全面揭示ChPGIP基因的表达转录调控机制提供了遗传基础（李广平等，2009）。以中国李'佛来索'为材料，根据目标基因的保守区设计简并引物获得基因保守片段，再利用RACE技术获得了β-半乳糖苷酶、β-甘露聚糖酶、扩展蛋白基因，通过检测它们的表达水平，为研究李子果实软化机理具有重要意义（徐秋红，2009）。采用同源克隆和RACE技术从芙蓉李叶片中分离得到2个ChRan基因，为阐明ChRan基因的功能及其作用机制奠定分子基础（方智振等，2014）。

三 李的育种研究

1. 国外李育种现状

日本从20世纪70年代开始进行以早熟、优质、多汁等为目标的育种工作，选育出'大石早生''大石中生''白皇后'（'White Queen'）'Beniryouzen''Ryozen Wase''Shichiro'和'Pararu'等品种。朝鲜在20世纪80年代开始利用'台湾李'和'圣玫瑰'（'Santa Rosa'）等亲本进行杂交，欲选育早熟、大果、高糖的品种；泰国从1994年开始开展以'Guly Ruby'等为亲本的李育种工作，目标是选育味美、硬肉、耐贮、低需冷量的品种。

欧洲开展李育种较早，前苏联以抗寒为主要育种目标，培育出了中国李'Altaiskaya Yubiloeinay''Katunskaya''Kulundinskaya''Rassvet Rannii'和应用种间杂交获得的'Kubanskaya Kometa'及'Puteshestvennisa'等一大批非常抗寒的李新品种。法国主要以抗李痘病毒（PPV）和抗黄花卷叶病（ESFY）为李育种目标。欧洲李育种的目标以高糖、离核、高维生素C含量等适合加工制干的性状和优质、丰产、大果、自花结实、耐贮、抗病等性状为主。此外，英国开展了晚花、不同果皮颜色的品种选育工作，法国、意大利、德国、瑞士等国家针对成熟期开展了早熟品种或晚熟品种的育种工作，瑞典、斯洛伐克、俄罗斯等国家开展了欧洲李矮化育种工作，法国、德国、前南斯拉夫、罗马尼亚、捷克等国家还开展了鲜食及制干鲜食兼用品种的选育工作。英国选育出'Avalon'和'Excalibur'等，意大利选育出'Firenze 90'，法国选育出'Primacotes''Lorida''Tardicotes'等不同成熟期、风味好和果肉硬度大的制干与鲜食兼用品种；德国选育出'Tipala''Tegera'等新品种；南斯拉夫选育出'Cacak's Early''Cacak's Beauty''Cacak's Best''Cacak's Fruitful''Cacak's Sugar'等鲜食品种和'Valjevka''Jelica'和'Valerija'等加工品种；罗马尼亚选育出'Tuleu Timpuriu''Gras Ameliorat''Carpatin''Diana''Flora''Gentenar''Minerva''Baragan 17''Alina'等加工品种；捷克选育出'Valor''President''Elena''Katinka'等品种。

美国从20世纪30～40年代开始李育种研究，成果显著，已选育出近70个较有影响的李品种。

目前，世界各大李产区几乎都有从美国引入品种。在保证稳产、优质、大果、硬肉的基础上，美国主要育种目标北方以抗寒为主，南方以抗病（主要是李叶片斑点病、李果实疮痂病和李枝条溃疡病）和低需冷量为主。欧洲李在美国和加拿大的栽培较多，因此这两个国家的欧洲李育种搞得最好，美国以选育不同果皮颜色、不同肉色、不同成熟期的适宜加工的品种为目标，而加拿大则以抗寒、果皮蓝色、自花结实、早熟等为育种目标。目前美国和加拿大已选育出中国李'Burmosa''Redheart''Laroda''Queen Annual''Durado''Frontier''Friar''Calita''Queen Rosa''Black amber''Fortune''RedBeauty''BlackBeauty''Grand Rosa''Amazon''Black Diamond''Ruby Sweet''Black Ruby''Grimson''Purple''AU-Producer''AU-Cherry''AU-Amber'等品种；选育出欧洲李'Hall''Stanley''Albion''Castleton''Longuohn''Polly''Bluebell''Bluefre''Radiance''Hildreth'等品种。

2. 国内李育种现状

我国是中国李的原产国，但是开展李新品种选育工作却起步较晚。20世纪60年代农业科研人员开始进行有目的的李杂交育种工作，以选育大果、优质、丰产、抗寒、早熟为目标。20世纪70～80年代，新疆维吾尔自治区奎屯农业科学研究所通过实生选种选育出'奎丰''奎冠''奎丽''新李1号'。吉林省农业科学院果树研究所于20世纪60年代选育出'跃进李'，90年代选育出'长春彩叶李'。吉林省长春市农业科学院园艺研究所于20世纪80～90年代选育出'长李7号''长李15号''长李84号''长李109号'；吉林省长春市郊区铁北园艺场于20世纪80年代选育出'特早红李'；吉林省舒兰市园艺研究所于20世纪90年代选育出'吉胜'。黑龙江省农业科学院于20世纪60～90年代选育出'绥棱红''绥棱红3号''龙园蜜'。福建省永泰县农业局和永泰县李果研究所于1989年从永泰园艺场选育出'迟花芙蓉李'。浙江省丽水市城西园艺场于20世纪90年代选育出'红晶李'。山西省农业科学院果树研究所于20世纪90年代选育出'鸡蛋李'。河南省林业科学研究院于20世纪70年代选育出'金吉李'。西北农林科技大学园艺学院于20世纪90年代选育出'秦红李''红喜梅'。安徽农业大学20世纪90年代选育出'安农美

李'。辽宁省果树科学研究所从'大石早生'筛选育出了极早熟良种优系。东北农学院（现东北农业大学）选育出'10-33'，黑龙江省农业科学院牡丹江农业科学研究所选育出'82-2-16'，黑龙江省农业科学院园艺研究所选育出'83-10-71'等优系。这些品种或优系的选育对我国李发展起了很大的推动作用（王玉柱等，2002；孙猛等，2009；张建国等，2003）。

近年来许多科研单位、大专院校相继从国外引入了一批李品种。如从美国引入的'修道士'（'Friar'也叫'黑宝石'）'黑琥珀'（'Black Amber'）'玫瑰皇后'（'Queen Rosa'）'卡尔赛'（'Kelsey'）'拉罗达李'（'Laroda'）'澳得罗达李'（'Eldorado'）'美国红心李''布朗金'（'Byron Gold'）'布鲁斯'（'Brace'）'六月玫瑰'（'June Rosa'），从新西兰引入'蜜思李'（'Methley'）及从日本引入的'大石早生'和'大石中生'等品种。

目前，我国李育种虽然仍以有性杂交育种为主要育种手段，但是其他育种技术也已在李育种上得到了初步应用。包括芽变选种、辐射育种、远缘杂交、分子标记辅助选择育种等。近年来，我国育种人员通过芽变选种育出'秋香李''龙园桃李''金吉李'等品种（张加延等，2008；牟蕴慧等，2008；黄鹏，2006）。生物技术育种工作也有长足的进展，建立了李离体再生繁殖体系（丁燕，2008；姚延兴，2011；张陆阳，2009），获得了中国李原生质体再生植株（马锋旺等，1999）。在李、杏进行远缘杂交方面，建立了李、杏属间远缘杂种的胚培养与技术体系（王发林等，2003；杨红花，2004；吕雪等，2014）。分子标记方面发现了李属植物叶片红色性状分子标记（温亮等，2009）。这些新技术的应用为中国李品种选育和创新开辟了新方法与新途径。

国内外开展李杂交育种工作有100余年历史，已经育出若干优良品种。但是从已经选育出的李品种来看，存在着以下几个问题，大多数均自交不亲和，果实货架期短，成熟期相对较集中，缺乏低需冷量品种。我国虽然是李原产地，但品种选育工作滞后于李树的生产发展。今后应该在品种引进的基础上，利用地方品种的多样性优良基因选育出大果型、丰产、抗病（尤其是抗真菌性早期落叶病）、早熟或晚熟、果实口感好和品质优的品种。

中国李地方品种图志

各论

红奈李

Prunus salicina Lindl.'Hongnaili'

⊙ 调查编号：FANGJGLXL001

🗄 所属树种：李 *Prunus salicina* Lindl.

📄 提 供 人：廖海军
　电　　话：18777379782
　住　　址：广西壮族自治区桂林市全
　　　　　　州县两河乡鲁水村10队

📋 调 查 人：李贤良
　电　　话：13978358920
　单　　位：广西特色作物研究院

📍 调查地点：广西壮族自治区桂林市全
　　　　　　州县两河乡鲁水村10队

🌐 地理数据：GPS数据（海拔：320m，
　　　　　　经度：E111°07′36.04″，纬度：N25°41′56.62″）

🗂 生境信息

来源于当地，地形为坡地耕地，土壤为壤土，树龄为16年。当地有成片栽培和零星分布。

📋 植物学信息

1. 植株情况

乔木，树势中等，树姿开张，树形半圆形；树高3.8m，冠幅东西2.9m、南北3.1m，干高0.8m，干周62cm；主干褐色，树皮丝状裂，枝条密度中。

2. 植物学特性

1年生枝红褐色，有光泽，长度中，节间平均长1.69cm，平均粗0.8cm。叶片长倒卵圆形，长9.84cm，宽5.81cm，叶边锯齿钝，齿尖有腺体；叶柄长1.0～1.3cm，粗细中，带红色；花2～3朵并生；花梗长1～2cm；萼筒钟状，萼片长圆卵形，长约5mm；花瓣5片，白色，长倒卵圆形；花冠直径1.5～2.2cm；雌蕊1枚，柱头盘状，花柱比雄蕊稍长。

3. 果实性状

果实圆形，纵径3.82cm，横径4.08cm，侧径3.75cm；平均果重34.5g，最大果重42.7g；果皮底色为浅绿色，着彩色为紫红色；缝合线不显著，两侧对称；果顶平齐；果肉厚1.0cm，橙黄色，近核处同肉色；果肉质地松软，纤维少，汁液多，风味酸甜，香味淡，品质上，核小，离核，核不裂；可溶性固形物含量16.2%。

4. 生物学习性

发枝力强，生长势强；中心主干弱，骨干枝分枝角度25°。开始结果年龄3～4年，6～8年进入盛果期；短果枝80%，中果枝10%，长果枝或腋花芽结果10%；全树坐果，坐果力弱，生理落果多，采前落果多，产量低，大小年不显著。萌芽期3月下旬，开花期4月上中旬，果实采收期7月中旬，落叶期11月下旬。

📖 品种评价

产量中等且稳定，优质，较抗旱，适应性较广。

叶片

枝条

植株

中果中心李

Prunus salicina Lindl.'Zhongguozhongxinli'

调查编号：FANGJGLXL003

所属树种：李 *Prunus salicina* Lindl.

提 供 人：廖海军
电　　话：18777379782
住　　址：广西壮族自治区桂林市全
　　　　　州县两河乡鲁水村10队

调 查 人：李贤良
电　　话：13978358920
单　　位：广西特色作物研究院

调查地点：广西壮族自治区桂林市全
　　　　　州县两河乡鲁水村10队

地理数据：GPS数据（海拔：320m，
　　　　　经度：E111°07'36.04"，纬度：N25°41'56.62"）

生境信息

来源于当地，生长于坡地人工林，土壤为砂壤土，树龄为10年。

植物学信息

1. 植株情况

树势中等，树姿开张，树形半圆形；树高2.8m，冠幅东西2.8m、南北2.9m，干高0.7m，干周35cm；主干灰褐色，树皮丝状裂，枝条密度中。

2. 植物学特性

1年生枝黄褐色，有光泽，节间平均长1.85cm；平均粗0.8cm；叶片长倒卵圆形，绿色，长9.73cm，宽4.26cm；叶柄平均长1.21cm，本色；花2～3朵并生；花梗长1～2cm；萼筒钟状，萼片长圆卵形，长约5mm；花瓣5片，白色，长倒卵圆形；花冠直径1.5～2.2cm；雌蕊1枚，柱头盘状，花柱比雄蕊稍长。

3. 果实性状

果实扁圆形，纵径2.56cm，横径2.83cm，侧径2.51cm；平均果重11.8g，最大果重13.2g；果皮底色为浅绿色，着彩色为紫红色；果面光滑，缝合线不显著，两侧对称；果顶平齐；果肉厚0.8cm，橙黄色，近核处同肉色；果肉质地松软，纤维少，汁液多，风味酸甜，香味微香；果核小，离核；可溶性固形物含量16.8%；品质中上。

4. 生物学习性

萌芽力中等，发枝力中等，中心主干弱，3～4年开始结果，6～8年进入盛果期；以花束状果枝和短果枝结果为主；全树坐果，坐果力弱，生理落果多，采前落果多，产量较低，大小年不显著。萌芽期3月中旬，开花期4月上旬，果实采收期7月下旬，落叶期11月下旬。

品种评价

产量中等，品质中等，耐贫瘠、耐干旱，适应性较广。

枝条

花蕾

老奈李

Prunus salicina Lindl.'Laonaili'

调查编号：FANGJGLXL002

所属树种：李 *Prunus salicina* Lindl.

提供人：廖海军
电　话：18777379782
住　址：广西壮族自治区桂林市全
　　　　州县两河乡鲁水村10队

调查人：李贤良
电　话：13978358920
单　位：广西特色作物研究院

调查地点：广西壮族自治区桂林市全
　　　　　州县两河乡鲁水村10队

地理数据：GPS数据（海拔：322m，
经度：E111°07'35.60"，纬度：N25°41'56.76"）

生境信息

来源于当地，生长于坡地，土壤为壤土，树龄为17年。当地有少量零星分布。

植物学信息

1. 植株情况

乔木，树势中等，树姿开张，树形半圆形；树高3.8m，冠幅东西3.8m、南北2.9m，干高0.8m，干周32cm；主干褐色，树皮丝状裂，枝条密度中。

2. 植物学特性

1年生枝红褐色，有光泽，节间平均长1.68cm；平均粗度0.8cm；叶片长卵圆形，绿色，长9.81cm，宽5.28cm；叶柄平均长1.16cm，绿色；花2~3朵并生；花梗长1~2cm；萼筒钟状，萼片长圆卵形，长约5mm；花瓣5片，白色，长倒卵圆形；花冠直径1.5~2.2cm；雌蕊1枚，柱头盘状，花柱比雄蕊稍长。

3. 果实性状

果实圆形，纵径3.78cm，横径3.96cm，侧径3.63cm；平均果重32.6g，最大果重42.5g；果皮底色为浅绿色，成熟果紫红色；缝合线不显著，两侧对称；果顶平齐；果肉厚0.9cm，橙黄色，近核处同肉色；果肉质地松软，纤维少，汁液多，风味酸甜，香味淡，果核小，离核，核不裂；可溶性固形物含量15.8%；品质上。

4. 生物学习性

中心主干弱，萌芽力强，发枝力中等；开始结果年龄4年，盛果期年龄6年；长果枝80%，中果枝10%，短果枝10%；全树坐果，坐果力中等，生理落果多，采前落果多，产量中等，大小年不显著。萌芽期3月中旬，开花期4月上旬，果实采收期7月下旬。

品种评价

丰产性中等，抗旱，耐贫瘠，适应性较广。

植株

国家落叶果树农家品种**资源库**

采集编号：Lixl002
采集日期：2014-08-09
采集者：李贤良；梅正敏
采集地：中国广西省桂林市全州县两河乡鲁水村10队
经纬度：N25°41′56.76″ NE111°07′35.60″
海拔高度：322m 坡度： 坡向：
生境：山地
伴生物种： ；
其他描述：乔本

地方名：油奈李（廖海军）
野外鉴定：接穗

枝条

黄腊李

Prunus salicina Lindl.'Huanglali'

调查编号：FANGJGLXL006

所属树种：李 *Prunus salicina* Lindl.

提 供 人：廖耀骞
电　　话：13737312050
住　　址：广西壮族自治区桂林市全州县两河乡鲁水村10队

调 查 人：李贤良
电　　话：13978358920
单　　位：广西特色作物研究院

调查地点：广西壮族自治区桂林市全州县两河乡鲁水村10队

地理数据：GPS数据（海拔：320m，经度：E111°07′36.04″，纬度：N25°41′56.62″）

生境信息

来源于当地，生长于坡地人工林，土壤为砂壤土，树龄为21年。当地有成片栽培。

植物学信息

1. 植株情况

乔木，树势中庸，树姿开张，树形半圆形；树高4.2m，冠幅东西3.4m、南北3.4m，干高0.8m，干周59cm；主干褐色，树皮丝状裂，枝条密度中。

2. 植物学特性

1年生枝褐色，有光泽，节间平均长1.63cm，平均0.8cm；多年生枝灰褐色。叶片绿色，长卵圆形，平均长9.57cm，宽4.61cm；叶尖渐尖；叶柄长1.13cm，绿色；花2～3朵并生；花梗长1～2cm；萼筒钟状，萼片长圆卵形，长约5mm；花瓣5片，白色，长倒卵圆形；花冠直径1.5～2.2cm；雌蕊1枚，柱头盘状，花柱比雄蕊稍长。

3. 果实性状

果实近圆形，纵径5.13cm，横径5.24cm，侧径4.98cm；平均果重32.6g，最大果重46.3g；果皮黄色；缝合线不显著，两侧对称；果顶平齐；果肉厚1.1cm，橙黄色，近核处同肉色；果肉质地致密，纤维少，汁液少，风味甜酸，香味淡，核中等大小，半离核，核不裂；可溶性固形物含量14.6%；品质中。

4. 生物学习性

萌芽力强，发枝力强，生长势强。短果枝占85%，中果枝10%；全树坐果，坐果力中等，生理落果多，采前落果少，产量丰产，大小年不显著。萌芽期3月中旬，开花期4月中旬，果实采收期8月上旬，落叶期11月上旬。

品种评价

高产，抗旱，耐贫瘠，成熟期晚，适应性广。

生境

叶片

花

枝条

幼果

果实

歪嘴奈李

Prunus salicina Lindl.'Waizuinaili'

调查编号：FANGJGLXL010

所属树种：李 *Prunus salicina* Lindl.

提供人：廖志敏
电　话：13737312050
住　址：广西壮族自治区桂林市全
　　　　州县两河乡鲁水村7队

调查人：李贤良
电　话：13978358920
单　位：广西特色作物研究院

调查地点：广西壮族自治区桂林市全
　　　　　州县两河乡鲁水村7队

地理数据：GPS数据（海拔：346m，
经度：E111°0735.05"，纬度：N25°4211.96"）

生境信息

来源于当地，生长于坡地耕地。土壤为砂壤土，树龄为18年。当地有成片栽培。

植物学信息

1. 植株情况

乔木，树势中等，树姿开张，树形半圆形；树高3.3m，冠幅东西4.7m、南北3.6m，干高0.98m，干周37cm；主干褐色，树皮丝状裂，枝条密度中。

2. 植物学特性

1年生枝黄褐色，有光泽，节间平均长1.85cm；平均粗0.8cm。叶片绿色，长卵圆形，平均长9.75cm，宽4.16cm；叶尖渐尖；叶柄平均长1.25cm，绿色；花2～3朵并生；花梗长1～2cm；萼筒钟状，萼片长圆卵形，长约5mm；花瓣5片，白色，长倒卵圆形；花冠直径1.5～2.2cm；雌蕊1枚，柱头盘状，花柱比雄蕊稍长。

3. 果实性状

果实扁圆形，纵径2.96cm，横径2.89cm，侧径2.78cm；平均果重10.5g，最大果重11.3g；果皮橙黄色；缝合线不显著，两侧对称；果顶平圆；果肉厚0.5cm，橙黄色，近核处同肉色；果肉质地松软，纤维少，汁液多，风味酸甜，香味淡，果核小，离核，核不裂；可溶性固形物含量16.9%；品质中。

4. 生物学习性

萌芽力强，发枝力强，生长势强。早果性好，以短果枝结果为主，短果枝占85%；全树坐果，坐果力强，生理落果少，采前落果多，产量丰产，大小年显著。萌芽期3月中旬，开花期4月中旬，果实采收期7月上旬，落叶期11月上旬。

品种评价

高产，耐涝、耐瘠薄，适应性较广。

生境

株form

叶片

枝条

国家落叶果树农家品种资源库
采集编号：LJx1010
采集日期：2014-06-09
采集人：李世欢 梅正锭
采集地：中国广西省桂林市全州县两河镇鲁水村
经纬度：N25°42′11.96″ NE111°07′33.05″
海拔高度：530m 坡度： 坡向：
生境：山地
伴生物种：
其他描述：乔木
地方名：彭鸣脆李（廖志链）
鉴种鉴定：投链

思力沟牛心李

Prunus salicina Lindl.'Siligouniuxinli'

- 调查编号： FANGJGLXL018

- 所属树种： 李 *Prunus salicina* Lindl.

- 提 供 人： 左桂香
  电　　话： 13877659861
  住　　址： 广西壮族自治区百色市凌云县泗城镇陇照乡思力沟屯

- 调 查 人： 李贤良
  电　　话： 13978358920
  单　　位： 广西特色作物研究院

- 调查地点： 广西壮族自治区百色市凌云县泗城镇陇照村思力沟屯

- 地理数据： GPS数据（海拔：356m，经度：E106°374.04"，纬度：N24°221.21"）

生境信息

来源于当地，生长于坡地人工林，土壤为砂壤土，树龄为20多年。

植物学信息

1. 植株情况

乔木，树势中等，树姿开张，树形半圆形；树高4.6m，冠幅东西4.6m、南北4.5m，干高0.8m，干周55cm；主干褐色，树皮丝状裂，枝条密度中。

2. 植物学特性

1年生枝黄褐色，有光泽，节间平均长1.85cm，平均粗0.8cm。叶片长卵圆形，长9.73cm，宽4.26cm；叶边锯齿针状，齿尖有腺体，叶尖渐尖。叶柄长1～1.5cm，绿色；花2～3朵并生；花梗长1～2cm；萼筒钟状，萼片长圆卵形，长约5mm；花瓣5片，白色，长倒卵圆形；花冠直径1.5～2.2cm；雌蕊1枚，柱头盘状，花柱比雄蕊稍长。

3. 果实性状

果实牛心形，纵径2.76cm，横径3.05cm，侧径2.96cm；平均果重15.8g，最大果重17.8g；果皮底色为橙黄色，着彩色为紫红色；缝合线不显著，两侧对称；果顶尖圆；果肉厚1.1cm，橙黄色，近核处同肉色；果肉质地松软，纤维少，汁液多，风味酸甜，香味淡，品质中，核小，离核，核不裂；可溶性固形物含量14.9%。

4. 生物学习性

萌芽力强，发枝力强，生长势强。早实性好，开始结果年龄2～3年，进入盛果期年龄4～5年；以短果枝和花束状果枝结果为主，短果枝占85%；全树坐果，坐果力强，生理落果少，采前落果多，产量丰产，大小年不显著。萌芽期3月中旬，开花期4月中旬，果实采收期7月中旬，落叶期11月上旬。

品种评价

较丰产，耐瘠薄，适应性较广。

植株

枝条

果实

果实

毛山屯李 1 号

Prunus salicina Lindl.'Maoshantunli 1'

调查编号：FANGJGLXL035

所属树种：李 *Prunus salicina* Lindl.

提 供 人：陈德绪
电　　话：0776 - 7869703
住　　址：广西壮族自治区百色市乐
　　　　　业县逻沙乡逻瓦村毛山屯

调 查 人：李贤良
电　　话：13978358920
单　　位：广西特色作物研究院

调查地点：广西壮族自治区百色市乐
　　　　　业县逻沙乡逻瓦村毛山屯

地理数据：GPS数据（海拔：1187m，
　　　　　经度：E106°230.51"，纬度：N24°41'28.73"）

生境信息

来源于当地，生长于坡地人工林。土壤为砂壤土，树龄为20多年。现存1株。

植物学信息

1. 植株情况

树势中等，树姿开张，树形半圆形；树高4.8m，冠幅东西3.0m、南北4.9m，干高1.2m，干周62cm；主干褐色，树皮丝状裂，枝条密度中。

2. 植物学特性

1年生枝红褐色，有光泽，节间平均长1.69cm，平均粗0.8cm；多年生枝暗褐色。叶片绿色，长卵圆形，长9.76cm，宽4.45cm，基部楔形，褶缩中等，叶边锯齿锐状，齿尖无腺体，叶尖渐尖；叶柄长1.16cm，带红色；花2～3朵并生；花梗长1～2cm；萼筒钟状，萼片长圆卵形，长约5mm；花瓣5片，白色，长倒卵圆形；花冠直径1.5～2.2cm；雌蕊1枚，柱头盘状，花柱比雄蕊稍长。

3. 果实性状

果实圆形，纵径4.12cm，横径4.16cm，侧径3.87cm；平均果重46.8g，最大果重52.6g；果皮底色为橙黄色，彩色为玫瑰红色；缝合线不显著，两侧对称；果顶尖圆，梗洼宽度广；果肉厚1.5cm，橙黄色，近核处同肉色；果肉质地松软，纤维少，汁液多，风味酸甜，香味淡，果核小，离核，核不裂；可溶性固形物含量14.2%；品质上。

4. 生物学习性

萌芽力弱，发枝力中，生长势强，中心主干强度中，徒长枝数目中。开始结果年龄栽后2～3年，盛果期年龄栽后4～5年；长果枝10%，中果枝10%，短果枝80%，腋花芽结果10%，以短果枝和花束状果枝结果为主；全树坐果，坐果力弱，生理落果多，采前落果多，产量低，大小年不显著。萌芽期3月下旬，开花期4月上中旬，果实采收期7月中旬，落叶期11月下旬。

品种评价

较丰产，品质好，较抗旱，耐贫瘠；适应性较广。

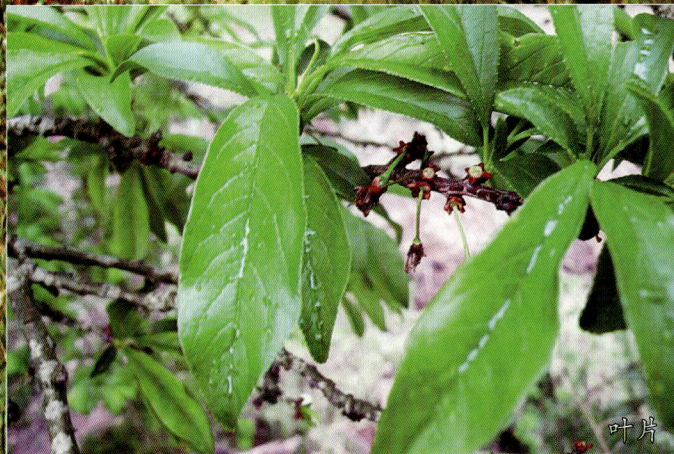

叶片

生境

毛山屯李 2 号

Prunus salicina Lindl.'Maoshantunli 2'

调查编号： FANGJGLXL041

所属树种： 李 *Prunus salicina* Lindl.

提 供 人： 陈允资
电　　话： 13977673245
住　　址： 广西壮族自治区百色市乐业县逻沙乡逻瓦村毛山屯

调 查 人： 李贤良
电　　话： 13978358920
单　　位： 广西特色作物研究院

调查地点： 广西壮族自治区百色市乐业县逻沙乡逻瓦村毛山屯

地理数据： GPS数据（海拔：1162m，经度：E106°2257.52″，纬度：N24°41'24.20″）

生境信息

来源于当地，生长于坡地人工林，土壤为砂壤土，树龄为15年。现存1株。

植物学信息

1. 植株情况

乔木，树势中等，树姿开张，树形半圆形；树高3.4m，冠幅东西2.4m、南北2.4m，干高0.8m，干周52cm；主干褐色，树皮丝状裂，枝条密度中。

2. 植物学特性

1年生枝红褐色，有光泽，节间平均长1.47cm，平均粗0.7cm；叶片绿色，倒卵圆形，长9.64cm，宽4.64cm；基部楔形，褶缩中等，叶边锯齿锐状，齿尖无腺体；叶尖渐尖；叶柄长1.06cm，绿色；花2~3朵并生；花梗长1~2cm；萼筒钟状，萼片长卵圆形，长约5mm；花瓣5片，白色，长倒卵圆形；花冠直径1.5~2.2cm；雌蕊1枚，柱头盘状，花柱比雄蕊稍长。

3. 果实性状

果实扁圆形，平均果重43.4g，最大果重54.5g；果皮底色为浅绿色，着彩色为紫色；缝合线较深，两侧不对称；果顶平圆，梗洼宽度中，深度中；果梗粗，果皮厚度中，茸毛少；蜡质层少，剥皮困难；果肉乳黄色，近核处玫瑰红色；果肉各部成熟度不一致，质地致密，脆，纤维细，汁液多，风味酸甜，香味浓，品质上，离核；可溶性固形物含量11%，酸含量1%。

4. 生物学习性

中心主干强度中，徒长枝数目中，萌芽力中，生长势中。2~3年开始结果，5~6年进入盛果期；以短果枝和花束状果枝结果为主。全树坐果，坐果力中，生理落果中，采前落果少，大小年显著。3月上旬花芽萌动，4月上旬初盛花期，7月下旬果实成熟。11月落叶。

品种评价

较丰产，抗病性好，适应性较广。

生境

花

植株

毛山屯李 3 号

Prunus salicina Lindl.'Maoshantunli 3'

调查编号: FANGJGLXL042

所属树种: 李 *Prunus salicina* Lindl.

提 供 人: 陈允资
电　话: 13977673245
住　址: 广西壮族自治区百色市乐
业县逻沙乡逻瓦村毛山屯

调 查 人: 李贤良
电　话: 13978358920
单　位: 广西特色作物研究院

调查地点: 广西壮族自治区百色市乐
业县逻沙乡逻瓦村毛山屯

地理数据: GPS数据（海拔: 1160m,
经度: E106°22'57.76", 纬度: N24°41'23.91"）

生境信息

来源于当地，生长于坡地人工林，土壤为砂壤土，树龄为13年。

植物学信息

1. 植株情况

乔木，树势较弱，树姿开张，树形圆头形；树高3.5m，冠幅东西3.0m、南北2.8m，干高0.9m；主干褐色，树皮丝状裂，枝条密。

2. 植物学特性

1年生枝紫红色，无光泽，节间平均长1.64cm，平均粗0.9cm；皮孔小，数量少，平，椭圆形；多年生枝灰黑色；叶片绿色，长卵圆形，平均长9.47cm，宽4.63cm；叶尖渐尖；基部褶缩中等，叶边锯齿锐状，齿尖无腺体；叶柄长1.2cm，绿色略带红色；花2~3朵并生；花梗长1~2cm；萼筒钟状，萼片长圆卵形，长约5mm；花瓣5片，白色，长倒卵圆形；花冠直径1.5~2.2cm；雌蕊1枚，柱头盘状，花柱比雄蕊稍长。

3. 果实性状

果实圆形，平均果重30.4g；果皮底色为浅绿色，着彩色为紫红，部分有条纹；缝合线两侧对称；果顶短圆形；顶洼浅，梗洼宽度中，不皱；果梗粗，果皮厚，茸毛中；蜡质层少；果肉乳黄色，近核处同肉色；果肉质地松软，纤维少，汁液多，风味甜酸，香味淡，品质中，苦仁，核不裂，粘核；可溶性固形物含量12.3%，可溶性糖含量7.2%，酸含量1.1%，每百克果肉中含有维生素C3.1mg。

4. 生物学习性

中心主干强度中，徒长枝数目中，萌芽力中，生长势中。3~4年开始结果，5~6年进入盛果期；以短果枝和花束状果枝结果为主，中果枝10%，短果枝80%，腋花芽结果10%；全树坐果，坐果力中，生理落果中，采前落果少，大小年显著。3月上旬花芽萌动，4月上旬盛花期，7月下旬果实成熟。落叶期11月。

品种评价

丰产性一般，较抗病害，适应性较广。

果实

叶片

花

扣子李

Prunus salicina Lindl.'Kouzili'

调查编号： FANGJGLXL043

所属树种： 李 *Prunus salicina* Lindl.

提 供 人： 陈允资
电　　话： 13977673245
住　　址： 广西壮族自治区百色市乐
　　　　　业县逻沙乡逻瓦村毛山屯

调 查 人： 李贤良
电　　话： 13978358920
单　　位： 广西特色作物研究院

调查地点： 广西壮族自治区百色市乐
　　　　　业县逻沙乡逻瓦村毛山屯

地理数据： GPS数据（海拔：1162m，
　　　　　经度：E106°22'57.46"，纬度：N24°41'24.06"）

生境信息

来源于当地，生长于庭院，土壤为砂壤土，树龄为13年。当地有少量栽培。

植物学信息

1. 植株情况

乔木，树势中等，树姿半开张，树形圆锥形；树高3.1m，冠幅东西2.7m、南北2.6m，干高0.8m，干周26cm；主干褐色，树皮丝状裂，枝条密度中。

2. 植物学特性

1年生枝黄褐色，有光泽，长度中，节间平均长1.85cm；粗度中，平均粗0.8cm。叶片绿色，长卵圆形，平均长9.75cm，宽4.16cm；叶尖渐尖；叶柄平均1.25cm，绿色；花2~3朵并生；花梗长1~2cm；萼筒钟状，萼片长圆卵形，长约5mm；花瓣5片，白色，长倒卵圆形；花冠直径1.5~2.2cm；雌蕊1枚，柱头盘状，花柱比雄蕊稍长。

3. 果实性状

果实扁圆形，纵径2.46cm，横径2.65cm，侧径2.58cm；平均果重9.5g，最大果重11.3g；果皮底色为橙黄色；缝合线不显著，两侧对称；果顶平齐；果肉厚0.5cm，橙黄色，近核处同肉色；果肉质地松软，纤维少，汁液多，风味酸甜，香味淡，果核小，离核，核不裂；可溶性固形物含量16.9%；品质中。

4. 生物学习性

萌芽力强，发枝力强，生长势强。早果性好，以短果枝结果为主，短果枝占85%；全树坐果，坐果力强，生理落果少，采前落果多，产量丰产，大小年显著。萌芽期3月上旬，开花期4月上旬，果实采收期7月上旬，落叶期11月上旬。

品种评价

高产，抗病性好，适应性较广。

植株

叶片

芽

花

果实

大黄壳李

Prunus salicina Lindl.'Dahuangkeli'

○ 调查编号： FANGJGLXL045

○ 所属树种： 李 *Prunus salicina* Lindl.

○ 提 供 人： 吴希寿
电　　话： 18074768745
住　　址： 广西壮族自治区百色市乐
业县甘田镇场坝7组

○ 调 查 人： 李贤良
电　　话： 13978358920
单　　位： 广西特色作物研究院

○ 调查地点： 广西壮族自治区百色市乐
业县甘田镇场坝7组

○ 地理数据： GPS数据（海拔：1036m，
经度：E106°2952.24"，纬度：N24°3645.41"）

生境信息

来源于当地，生于庭院前空地，土壤为砂壤土，树龄为30多年。当地有少量零星分布。

植物学信息

1. 植株情况

乔木，树势中庸，树姿直立，树形偏圆头形；树高5.2m，冠幅东西4.1m、南北4.0m，主干灰色，树皮块状裂，枝条密度中。

2. 植物学特性

1年生枝黄褐色，有光泽，长度中，节间平均长1.88cm；粗度中，平均粗0.78cm。叶片绿色，长卵圆形，平均长9.75cm，宽4.16cm；基部楔形或阔楔形，叶尖渐尖，叶边锯齿锐状；叶柄平均长1.25cm，绿色；花2～3朵并生；花梗长1～2cm；萼筒钟状，萼片长圆卵形，长约5mm；花瓣5片，白色，长倒卵圆形；花冠直径1.5～2.2cm；雌蕊1枚，柱头盘状，花柱比雄蕊稍长。

3. 果实性状

果实扁圆形，纵径5.68cm，横径5.95cm，侧径5.62cm；平均果重60.8g，最大果重73.2g；果皮底色为乳黄色，着彩色鲜黄；缝合线不显著，两侧对称；果顶平齐；果肉厚1.4cm，橙黄色，近核处同肉色；果肉质地松软，纤维少，汁液多，风味酸甜，香味淡，品质中上，核小，离核，核不裂；可溶性固形物含量16.8%。

4. 生物学习性

萌芽力强，发枝力中，生长势中庸。早果性好，以短果枝结果为主，短果枝占85%；全树坐果，坐果力强，生理落果少，采前落果少，产量丰产，大小年不显著。萌芽期3月上旬，开花期4月上旬，果实采收期7月上旬，落叶期11月上旬。

品种评价

产量高，果实大，品质好，耐涝性、抗病性好，适应性较广。

植株

果实

栽秧李

Prunus salicina Lindl.'Zaiyangli'

- 调查编号: FANGJGLXL046
- 所属树种: 李 *Prunus salicina* Lindl.
- 提 供 人: 吴希寿
  电   话: 18074768745
  住   址: 广西壮族自治区百色市乐业县甘田镇场坝7组
- 调 查 人: 李贤良
  电   话: 13978358920
  单   位: 广西特色作物研究院
- 调查地点: 广西壮族自治区百色市乐业县甘田镇场坝7组
- 地理数据: GPS数据（海拔: 1036m, 经度: E106°2952.24", 纬度: N24°3645.41"）

生境信息

来源于当地，生长于庭院前，土壤为砂壤土，树龄为30年。

植物学信息

1. 植株情况

乔木，树势中强，树姿半开张，树形扁圆形；树高5.5m，冠幅东西4.5m、南北4.2m，干高180cm，干周52cm，主干深褐色，树皮纵裂状，枝条密度中。

2. 植物学特性

1年生枝红褐色，有光泽，节间平均长1.85cm；粗度中，平均粗0.8cm。叶片倒卵圆形，长8.5～9.5cm，宽3～3.5cm，叶边锯齿针状，齿尖有腺体，叶尖渐尖；叶柄长1～1.5cm，绿色；花2～3朵并生；花梗长1～2cm；萼筒钟状，萼片长圆卵形，长约5mm；花瓣5片，白色，长倒卵圆形；花冠直径1.5～2.2cm；雌蕊1枚，柱头盘状，花柱比雄蕊稍长。

3. 果实性状

果实扁圆形，纵径2.56cm，横径2.83cm，侧径2.51cm；平均果重11.8g，最大果重13.2g；果皮底色为绿色，着彩色为暗红；缝合线宽浅，两侧不对称；果肉为橙黄色，汁液多，风味甜，香味浓，可溶性固形物含量16%；离核，品质中。

4. 生物学习性

萌芽力强，发枝力强，生长势强。早实性好，以短果枝和花束状果枝结果为主，短果枝占85%；全树坐果，坐果力强，生理落果少，采前落果多，产量丰产，大小年不显著。萌芽期3月上旬，开花期4月上旬，果实采收期6月下旬，落叶期11月上旬。

品种评价

丰产性好，较抗旱，适应性较广。

植株

枝条

花

芽

果实

果实

包谷泡李

Prunus salicina Lindl.'Baogupaoli'

调查编号：FANGJGLXL049

所属树种：李 *Prunus salicina* Lindl.

提 供 人：李贵才
电　　话：13471698437
住　　址：广西壮族自治区百色市田
　　　　　林县利周乡老山村果麻屯

调 查 人：李贤良
电　　话：13978358920
单　　位：广西特色作物研究院

调查地点：广西壮族自治区百色市田
　　　　　林县利周乡老山村果麻屯

地理数据：GPS数据（海拔：1551m，
　　　　　经度：E106°1947.14"，纬度：N24°1819.77"）

生境信息

来源于当地，生长于坡地人工林，土壤为壤土，树龄为10年。当地有零星栽培。

植物学信息

1. 植株情况

乔木，树势中等，树姿开张，树形半圆形；树高3.8m，冠幅东西3.0m、南北2.9m，干高0.8m，干周22cm；主干褐色，树皮丝状裂，枝条密度中。

2. 植物学特性

1年生枝红褐色，有光泽，节间平均长1.69cm，平均粗0.8cm；多年生枝暗褐色。叶片绿色，长卵圆形，长9.76cm，宽4.45cm，叶柄长1.16cm，绿色；花2~3朵并生；花梗长1~2cm；萼筒钟状，萼片长圆卵形，长约5mm；花瓣5片，白色，长倒卵圆形；花冠直径1.5~2.2cm；雌蕊1枚，柱头盘状，花柱比雄蕊稍长。

3. 果实性状

果实圆形，纵径4.12cm，横径4.16cm，侧径3.87cm；平均果重46.8g，最大果重52.6g；果皮底色为橙黄色，着彩色为玫瑰红色；缝合线不显著，两侧对称；果顶平齐；果肉厚1.5cm，橙黄色，近核处同肉色；果肉质地松软，纤维少，汁液多，风味酸甜，香味淡，果核小，离核，核不裂；可溶性固形物含量13.2%；品质上。

4. 生物学习性

萌芽力弱，发枝力中，生长势强，中心主干强度中，徒长枝数目中。开始结果年龄栽后4年，进入盛果期年龄栽后6~7年；以短果枝和花束状果枝结果为主，坐果部位为树体上部，坐果力弱，生理落果中，采前落果少，产量中，大小年不显著。萌芽期3月下旬，开花期4月中旬，果实采收期7月上旬，落叶期11月中旬。

品种评价

较丰产，较抗旱，耐贫瘠；适应性较广。

植株

結果狀

泡桐李

Prunus salicina Lindl.'Paotongli'

调查编号：FANGJGLXL050

所属树种：李 *Prunus salicina* Lindl.

提供人：李银秀
电　话：13471698437
住　址：广西壮族自治区百色市乐
　　　　业县甘田镇场坝7组

调查人：李贤良
电　话：13978358920
单　位：广西特色作物研究院

调查地点：广西壮族自治区百色市乐
　　　　　业县甘田镇场坝7组

地理数据：GPS数据（海拔：1034m，
　　　　　经度：E106°29'52.65"，纬度：N24°36'45"）

生境信息

来源于当地，生长于坡地人工林，土壤为砂壤土，树龄为15年。

植物学信息

1. 植株情况

乔木，树势中弱，树姿开张，树形偏半圆形；树高4.8m，冠幅东西4.1m、南北3.9m，干高1.0m，干周21cm；主干褐色，树皮丝状裂，枝条密度中。

2. 植物学特性

1年生枝红褐色，有光泽，节间平均长1.69cm，平均粗0.8cm；多年生枝暗褐色。叶片绿色，长卵圆形，长9.66cm，宽4.45cm，叶柄长1.15cm，绿色；花2～3朵并生；花梗长1～2cm；萼筒钟状，萼片长圆卵形，长约5mm；花瓣5片，白色，长倒卵圆形；花冠直径1.5～2.2cm；雌蕊1枚，柱头盘状，花柱比雄蕊稍长。

3. 果实性状

果实圆形，纵径4.13cm，横径4.15cm，侧径3.87cm；平均果重36.8g，最大果重42.6g；果皮底色为橙黄色，着彩色为玫瑰红色；缝合线不显著，两侧对称；果顶平齐；果肉厚1.5cm，橙黄色，近核处同肉色；果肉质地松软，纤维少，汁液多，风味酸甜，香味淡，果核小，离核，核不裂；可溶性固形物含量13.2%；可溶性糖含量5.7%；酸含量1.6%；每百克果肉中含有维生素C 5.0mg；品质上。

4. 生物学习性

萌芽力弱，发枝力中，生长势强，中心主干强度中，徒长枝数目中。开始结果年龄栽后4年，进入盛果期年龄栽后6～7年；以短果枝和花束状果枝结果为主，全树坐果，坐果力弱，生理落果中，采前落果少，产量中，大小年不显著。萌芽期3月下旬，开花期4月中旬，果实采收期7月上旬，落叶期11月中旬。

品种评价

较丰产，较抗旱，耐贫瘠；适应性较广。

花

植株

花蕾

芽

野鸡血李

Prunus salicina Lindl. 'Yejixueli'

调查编号： FANGJGLXL051

所属树种： 李 *Prunus salicina* Lindl.

提 供 人： 李银秀
电　　话： 13471698437
住　　址： 广西壮族自治区百色市乐业县甘田镇场坝7组

调 查 人： 李贤良
电　　话： 13978358920
单　　位： 广西特色作物研究院

调查地点： 广西壮族自治区百色市乐业县甘田镇场坝7组

地理数据： GPS数据（海拔：1033m，经度：E106°29′52.98″，纬度：N24°36′45.10″）

生境信息

来源于当地。生长于坡地地埂，土壤为砂壤土，树龄为10年。

植物学信息

1. 植株情况

乔木，树势中等，树姿开张，树形半圆形；树高3.1m，冠幅东西2.5m、南北2.3m，干高0.9m，干周22cm；主干褐色，树皮丝状裂，枝条密度中。

2. 植物学特性

1年生枝红褐色，有光泽，节间平均长1.43cm，平均粗0.7cm；叶片绿色，倒卵圆形，长9.61cm，宽4.62cm；叶尖渐尖；叶柄长1.16cm，绿色。花2～3朵并生；花梗长1～2cm；萼筒钟状，萼片长圆卵形，长约5mm；花瓣5片，白色，长倒卵圆形；花冠直径1.5～2.2cm；雌蕊1枚，柱头盘状，花柱比雄蕊稍长。

3. 果实性状

果实圆形，纵径3.53cm，横径3.44cm，侧径2.98cm；平均果重26.7g，最大果重32.6g；果皮底色为浅绿色，着彩色紫红色；缝合线不显著，两侧对称；果顶平齐；果肉厚0.6cm，橙黄色，近核处同肉色；果肉质地松软，纤维少，汁液少，风味酸甜，香味淡，果核中等大小，半离核，核不裂；可溶性固形物含量10.8%；品质上。

4. 生物学习性

萌芽力弱，发枝力中，生长势强。4年开始结果，6年进入盛果期；以短果枝结果为主，长果枝10%，中果枝10%，短果枝80%；全树坐果，坐果力弱，生理落果中，采前落果少，产量中，大小年不显著。萌芽期3月下旬，开花期4月中旬，果实采收期7月下旬，落叶期11月中旬。

品种评价

高产，耐旱，适应性较广。

生境

植株

芽

叶片

结果状

场坝李1号

Prunus salicina Lindl.'Changbali 1'

调查编号： FANGJGLXL052

所属树种： 李 *Prunus salicina* Lindl.

提 供 人： 陈允资
电　　话： 13737623626
住　　址： 广西壮族自治区百色市乐业县甘田镇场坝6组

调 查 人： 李贤良
电　　话： 13978358920
单　　位： 广西特色作物研究院

调查地点： 广西壮族自治区百色市乐业县甘田镇场坝6组

地理数据： GPS数据（海拔：1011m，经度：E106°2851.47"，纬度：N24°3641.19"）

生境信息

来源于当地。生长于庭院，土壤为壤土，树龄为10年。

植物学信息

1. 植株情况

乔木，树势中等，树姿开展，树形为杯状形；树高3.0m，冠幅东西2.5m、南北2.5m，干高1.5cm，干周15cm；主干褐色，树皮纵裂，枝条较稀。

2. 植物学特性

1年生枝红褐色，有光泽，平均长76cm；叶片倒卵圆形，长8.0~9.5cm，宽3.2~3.3cm，叶边锯齿细钝，齿尖有腺体；叶柄长2.0~2.4cm；花2~3朵并生；花梗长1~2cm；萼筒钟状，萼片长圆卵形，长约5mm；花瓣5片，白色，长倒卵圆形；花冠直径1.5~2.2cm；雌蕊1枚，柱头盘状，花柱比雄蕊稍长。

3. 果实性状

果实圆形，平均果重41.7g；果皮底色为浅绿色，着彩色为暗红；缝合线两侧不对称；果顶短圆形；梗洼宽度中，不皱；果梗粗，果皮厚度中，茸毛少；蜡质层厚，剥皮困难；果肉乳黄色，近核处玫瑰红色；果肉各部分成熟度不一致，质地松软，纤维少，汁液多，风味甜，香味中，甜仁，核不裂，半离核；可溶性固形物含量10.5%，可溶性糖含量7.6%，酸含量1.2%，每百克果肉中含有维生素C4.4mg；品质中。

4. 生物学习性

萌芽力强，发枝力弱，生长势强。2~3年开始结果，6年进入盛果期；坐果部位为树体中部，坐果力中，生理落果中，采前落果少，产量中，大小年不显著。3月上旬花芽萌动，3月下旬到4月上旬盛花期，花期7天左右。7月上旬果实成熟，落叶期11月上旬。

品种评价

丰产，抗旱性强，适应性较广。

果实

植株

枝条

花

果实

场坝李2号

Prunus salicina Lindl.'Changbali 2'

🔘 调查编号：FANGJGLXL053

📇 所属树种：李 *Prunus salicina* Lindl.

📄 提 供 人：陈允资
　　电　话：13737623626
　　住　址：广西壮族自治区百色市乐
　　　　　　业县甘田镇场坝6组

📑 调 查 人：李贤良
　　电　话：13978358920
　　单　位：广西特色作物研究院

📍 调查地点：广西壮族自治区百色市乐
　　　　　　业县甘田镇场坝6组

🌐 地理数据：GPS数据（海拔：1011m，
　　经度：E106°28′52.10″，纬度：N24°36′40.69″）

📋 **生境信息**

来源于当地。生长于庭院，土壤为砂壤土，树龄为7年。

📋 **植物学信息**

1. 植株情况

乔木，树势中等，树姿开张，树形半圆形；树高2.6m，冠幅东西2.6m、南北2.5m，干高0.8m，干周15cm；主干褐色，树皮丝状裂，枝条密度中。

2. 植物学特性

1年生枝黄褐色，有光泽，长度中，节间平均长1.85cm，平均粗0.8cm；叶片绿黄色，长卵圆形，长9.75cm，宽4.16cm；叶柄长1.25cm，绿色；花2～3朵并生；花梗长1～2cm；萼筒钟状，萼片长圆卵形，长约5mm；花瓣5片，白色，长倒卵圆形；花冠直径1.5～2.2cm；雌蕊1枚，柱头盘状，花柱比雄蕊稍长。

3. 果实性状

果实卵圆形，平均果重24.6g；果皮着彩色为紫红色，部分有条；缝合线两侧不对称；果顶乳头状，梗洼宽而深，果梗粗，果皮较薄，茸毛少，蜡质层薄，剥皮容易；果肉乳黄色，近核处玫瑰红色；果肉质地松软，纤维少，汁液多，风味甜酸，香味中，品质中，甜仁，核不裂，半离核；可溶性固形物含量12.6%，可溶性糖含量6.5%，酸含量1.2%，每百克果肉中含有维生素C2.6mg。

4. 生物学习性

树势生长中庸，树姿开展，萌芽力强，发枝力中等。栽后2～3年开始结果，5～6年进入盛果期；长果枝结果能力强；全树坐果，坐果力弱，生理落果多，采前落果多，大小年不显著。萌芽期3月上旬，开花期3月下旬，果实采收期7月下旬，落叶期11月。

📋 **品种评价**

较丰产，抗旱，适应性较广。

果实

枝条　　　结果状　　　花

果实　　　植株

场坝李 3 号

Prunus salicina Lindl.'Changbali 3'

○ 调查编号： FANGJGLXL054

▤ 所属树种： 李 *Prunus salicina* Lindl.

▤ 提 供 人： 陈允资
　　电　　话： 13737623626
　　住　　址： 广西壮族自治区百色市乐
　　　　　　　业县甘田镇场坝6组

▤ 调 查 人： 李贤良
　　电　　话： 13978358920
　　单　　位： 广西特色作物研究院

📍 调查地点： 广西壮族自治区百色市乐
　　　　　　　业县甘田镇场坝6组

🌐 地理数据： GPS数据（海拔：1011m，
　　　　　　　经度：E106°28'52.10"，纬度：N24°36'40.69"）

🗒 生境信息

来源于当地，生于坡地人工林，土壤为砂壤土，树龄为30年。

📰 植物学信息

1. 植株情况

乔木，树势中等，树姿直立，树形圆头形；树高5.1m；冠幅东西4.8m、南北4.9m，干高1.1m；主干灰色，树皮块状裂，枝条密度中。

2. 植物学特性

1年生枝紫红色，无光泽，长度47cm；皮孔中等大小，数量稀少，不规则形；叶片长倒卵圆形，绿色，大小中，基部楔形，褶缩中，叶边锯齿锐状，齿尖无腺体；叶柄长，带红色；花普通形，色泽浓，花瓣卵形，褶皱中；雄蕊粗度中，茸毛中，蜜盘黄色；萼片圆形，毛茸中，萼筒中。

3. 果实性状

果实扁圆形，平均果重43.4g，最大果重54.5g；果皮底色为浅绿色，着彩色为紫色；缝合线较深，两侧不对称；果顶平齐，梗洼宽度中，深度中，不皱；果梗粗，果皮厚度中，茸毛少；蜡质层少，剥皮困难；果肉乳黄色，近核处玫瑰红色；果肉各部分成熟度不一致，质地致密，纤维细，汁液多，风味酸甜，香味浓，品质上，离核；可溶性固形物含量11%，酸含量1%。

4. 生物学习性

树势生长中庸，萌芽力强，发枝力中等。栽后3~4年开始结果，6~8年进入盛果期；长果枝结果能力强；全树坐果，坐果力弱，生理落果多，采前落果多，大小年不显著。萌芽期3月上旬，开花期3月下旬，果实采收期7月下旬，落叶期11月。

📋 品种评价

较丰产，抗旱，适应性较广。

花

植株

枝条

芽

大牛心李

Prunus salicina Lindl.'Daniuxinli'

调查编号：FANGJGLXL055

所属树种：李 *Prunus salicina* Lindl.

提 供 人：邓满新
电   话：15078671097
住   址：广西壮族自治区百色市乐业县甘田镇达道村瑶下屯

调 查 人：李贤良
电   话：13978358920
单   位：广西特色作物研究院

调查地点：广西壮族自治区百色市乐业县甘田镇达道村瑶下屯

地理数据：GPS数据（海拔：1006m，经度：E106°29′58.80″，纬度：N24°36′38.79″）

生境信息

来源于当地，生长于田间的平地，土壤为砂壤土，树龄为10年。

植物学信息

1. 植株情况

乔木，树势健壮，树姿半开张，树形半圆形；树高3.2m，冠幅东西2.5m、南北1.8m，干高20cm，干周20cm；主干褐色，树皮丝状裂，枝条密度中。

2. 植物学特性

1年生枝红褐色，有光泽；叶片倒卵圆形，长7.0～8.0cm，宽3.0～3.5cm，叶边锯齿细钝，齿尖有腺体。叶柄长1.0～1.5cm；花2～3朵并生；花梗长1～2cm；萼筒钟状，萼片长圆卵形，长约5mm；花瓣5片，白色，长倒卵圆形；花冠直径1.5～2.2cm；雌蕊1枚，柱头盘状，花柱比雄蕊稍长。

3. 果实性状

果实圆形，平均果重35.2g；果皮着彩色为紫红色；缝合线两侧不对称；果顶乳头状，梗洼宽度中，果梗粗；果皮厚度中，茸毛少；蜡质层多，厚，剥皮困难；果肉橙黄色，近核处玫瑰红色；果肉各部分成熟度不一致，质地松软，纤维中，汁液中，风味酸甜，香味淡，品质中，甜仁，离核；可溶性固形物含量11.7%，可溶性糖含量7.3%，酸含量1.7%，每百克果肉中含有维生素C 8.2mg。

4. 生物学习性

树势强健，发枝力强，萌芽力高。2～3年开始结果，5～6年进入盛果期；以短果枝和花束状果枝结果为主；全树坐果，坐果力弱，生理落果多，采前落果多，产量中，大小年不显著。萌芽期3月中旬，开花期4月中旬，果实采收期7月上旬，落叶期11月上旬。

品种评价

较丰产，抗旱，耐贫瘠，适应性较广。

植株

果实

中黄皮李

Prunus salicina Lindl.'Zhonghuangpili'

调查编号: FANGJGLXL056

所属树种: 李 *Prunus salicina* Lindl.

提 供 人: 邓满新
电　　话: 15078671097
住　　址: 广西壮族自治区百色市乐
业县甘田镇达道村瑶下屯

调 查 人: 李贤良
电　　话: 13978358920
单　　位: 广西特色作物研究院

调查地点: 广西壮族自治区百色市乐
业县甘田镇达道村瑶下屯

地理数据: GPS数据（海拔: 1008m,
经度: E106°29'59.35",纬度: N24°36'38.52"）

生境信息

来源于当地，生长于坡地人工林，土壤为砂壤土，树龄为24年。

植物学信息

1. 植株情况

乔木，树势中等，树姿开张，树形半圆形；树高4.6m，冠幅东西4.6m、南北4.5m，干高0.6m，干周45cm；主干褐色，树皮丝状裂，枝条密度中。

2. 植物学特性

1年生枝黄褐色，有光泽，节间平均长1.76cm，平均粗0.81cm；叶片绿黄色，长9.58cm，宽4.36cm；叶柄长1.25cm，本色；花2~3朵并生；花梗长1~2cm；萼筒钟状，萼片长圆卵形，长约5mm；花瓣5片，白色，长倒卵圆形；花冠直径1.5~2.2cm；雌蕊1枚，柱头盘状，花柱比雄蕊稍长。

3. 果实性状

果实扁圆形，纵径3.97cm，横径3.13cm，侧径2.86cm；平均果重27.6g，最大果重32.8g；果皮橙黄色，缝合线不显著，两侧对称；果顶平齐，顶洼浅，梗洼宽度中等；果梗短，果皮厚，茸毛少，蜡质层厚，剥皮困难；果肉厚1.2cm，近核处同肉色；果肉质地松软，纤维少，汁液多，风味酸甜，香味淡，核小，粘核，核不裂；可溶性固形物含量15.8%，可溶性糖含量6.7%，酸含量1.1%；品质中。

4. 生物学习性

树势健壮，萌芽力高，发枝力中，中心主干弱。4年开始结果，6~7年进入盛果期；全树坐果，坐果力弱，生理落果多，采前落果多，产量中，大小年不显著。萌芽期3月上旬，开花期4月上旬，果实采收期7月下旬，落叶期11月上旬。

品种评价

优质，较丰产，耐贫瘠，适应性较广。

植株

花蕾

枝条

结果状

果实

瑶下屯李

Prunus salicina Lindl.'Yaoxiatunli'

调查编号: FANGJGLXL057

所属树种: 李 *Prunus salicina* Lindl.

提 供 人: 邓满新
电 话: 15078671097
住 址: 广西壮族自治区百色市乐业县甘田镇达道村瑶下屯

调 查 人: 李贤良
电 话: 13978358920
单 位: 广西特色作物研究院

调查地点: 广西壮族自治区百色市乐业县甘田镇达道村瑶下屯

地理数据: GPS数据 (海拔: 1006m, 经度: E106°29′58.44″, 纬度: N24°36′38.31″)

生境信息

来源于当地,生长于坡地人工林,土壤为砂壤土,树龄为10年。

植物学信息

1. 植株情况

乔木,树势较强,树姿直立,树形圆锥形;树高3.5m,冠幅东西2.8m、南北2.8m,干高1.2m,干周29cm;主干褐色,树皮块状裂,枝条密。

2. 植物学特性

1年生枝紫红色,无光泽,长度中,粗度中,皮孔大小中,数量中,平,椭圆形;结果枝上花芽数量中,叶芽数量中;花芽大小中,顶端钝尖形,着生角度中等,茸毛中;叶片绿色,大小中,基部褶缩中等,叶边锯齿锐状,齿尖无腺体;叶柄长度中,粗细中,带红色;花色泽浓,花瓣菱形,褶皱中;雄蕊茸毛中,蜜盘褐黄色;萼片卵形,毛茸中,萼筒中。

3. 果实性状

果实椭圆形,平均果重36.2g;果皮底色为白绿色,着彩色为紫红,部分有斑;缝合线两侧不对称;果顶短圆,顶洼深度中,梗洼宽度中,深度浅,不皱;果梗粗,果皮厚度中,茸毛中,蜡质层少,剥皮容易;果肉浅绿色,近核处同肉色;果肉质地致密,韧,纤维中,汁液中,风味酸甜,香味中,品质中下,核苦,不裂,离核;可溶性固形物含量11.3%,可溶性糖含量5.7%,酸含量1.6%,每百克果肉中含有维生素C5.0mg。

4. 生物学习性

萌芽力高,发枝力中,中心主干强,树势不开展,骨干枝分枝角度小。开始结果年龄栽后4年,进入盛果期年龄栽后6~8年;以短果枝和花束状果枝结果为主,中果枝10%,短果枝80%,腋花芽结果10%;全树坐果,坐果力弱,生理落果多,采前落果少,产量中等,大小年不显著。萌芽期3月上旬,开花期4月上旬,果实采收期7月中旬,落叶期11月下旬。

品种评价

品质中等,产量较低,不耐涝,适应性一般。

结果株

芽

植株

树干

算盘李

Prunus salicina Lindl.'Suanpanli'

调查编号：FANGJGLXL058

所属树种：李 *Prunus salicina* Lindl.

提 供 人：邓满新
电　　话：15078671097
住　　址：广西壮族自治区百色市乐
　　　　　业县甘田镇达道村瑶下屯

调 查 人：李贤良
电　　话：13978358920
单　　位：广西特色作物研究院

调查地点：广西壮族自治区百色市乐
　　　　　业县甘田镇达道村瑶下屯

地理数据：GPS数据（海拔：1006m，
　　　　　经度：E106°28'48.72"，纬度：N24°36'18.13"）

生境信息

来源于当地，生长于坡地人工林，土壤为砂壤土，树龄为10年。

植物学信息

1. 植株情况

乔木，树势中等，树姿开张，树形半圆形；树高3.8m，冠幅东西3.9m、南北3.8m，干高1.7m，干周29cm；主干灰褐色，树皮丝状裂，枝条密度中。

2. 植物学特性

1年生枝红褐色，有光泽，节间平均长1.69cm，平均粗0.8cm；叶片长10.38cm，宽5.24cm，倒卵圆形，基部楔形，尖端渐尖，叶边锯齿锐状，齿尖无腺体；叶柄长1.37cm，带红色；花2～3朵并生；花梗长1～2cm；萼筒钟状，萼片长圆卵形，长约5mm，花瓣5片，白色，长倒卵圆形；花冠直径1.5～2.2cm；雌蕊1枚，柱头盘状，花柱比雄蕊稍长，雄蕊茸毛中，蜜盘黄色。

3. 果实性状

果实圆形，纵径2.53cm，横径2.74cm，侧径2.18cm；平均果重15.6g，最大果重22.7g；果皮底色为浅绿色，着彩色为紫红色；缝合线不显著，两侧对称；果顶平齐；果肉厚0.5cm，淡黄色，近核处同肉色；果肉质地松软，纤维少，汁液少，风味酸甜，香味淡，核中等大小，半离核，核不裂；可溶性固形物含量12.5%，可溶性糖含量7.2%，酸含量1.1%，每百克果肉中含有维生素C3.1mg；品质中上。

4. 生物学习性

萌芽力高，发枝力中，中心主干弱。4年开始结果，6年进入盛果期；以花束状果枝和短果枝结果为主；全树坐果；坐果力中，生理落果多，采前落果少；产量中，大小年不显著。萌芽期3月上旬，开花期4月上旬，果实采收期7月下旬，落叶期11月。

品种评价

高产，抗旱，耐贫瘠，适应性较广。

生境

植株

花

叶片

果实

串串李

Prunus salicina Lindl.'Chuanchuanli'

🔲 调查编号：FANGJGLXL059

🔲 所属树种：李 *Prunus salicina* Lindl.

📄 提 供 人：黄身元
电　　话：13481619421
住　　址：广西壮族自治区百色市凌云县玉洪乡岩佴村草坪岩坷屯

📑 调 查 人：李贤良
电　　话：13978358920
单　　位：广西特色作物研究院

📍 调查地点：广西壮族自治区百色市凌云县玉洪乡岩佴村草坪岩坷屯

🌐 地理数据：GPS数据（海拔：1006m，经度：E106°28′45.46″，纬度：N24°32′53.12″）

🗂 生境信息

来源于当地，生长于坡地为人工林，土壤为砂壤土，树龄为18年。

📋 植物学信息

1. 植株情况

乔木，树势中等，树姿半开张，树形圆锥形；树高3.9m，冠幅东西3.3m、南北3.4m，干高1.2m，干周25cm；主干褐色，树皮丝状裂，枝条密度中。

2. 植物学特性

1年生枝黄褐色，有光泽，长度中，节间平均长1.79cm，平均粗0.8cm。叶片长卵圆形，叶长9.68cm，宽4.36cm，叶基部楔形或阔楔形，尖端渐尖，叶边锯齿针状；叶柄长1.11cm，本色；花普通形，色泽浓，花瓣菱形，褶皱中；雄蕊茸毛少，蜜盘黄绿色；萼片圆形，毛茸中，萼筒小。

3. 果实性状

果实扁圆形，纵径2.62cm，横径2.84cm，侧径2.73cm；平均果重12.3g，最大果重15.2g；果皮绿黄色；缝合线不显著，两侧对称；果顶短圆，顶洼深度中，梗洼宽度中，深度浅，果梗粗；果肉厚0.5cm，橙黄色，近核处同肉色；果肉质地松软，纤维少，汁液多，风味微香，核小，离核，核不裂；可溶性固形物含量11.3%，可溶性糖含量5.7%，酸含量1.6%，每百克果肉中含有维生素C5.0mg；品质中下。

4. 生物学习性

生长势健壮，萌芽力中，发枝力中，中心主干生长强度中等。3～4年开始结果，6～7年进入盛果期；以花束状果枝和短果枝结果为主；全树坐果，坐果力弱，生理落果中，采前落果多，产量中，大小年不显著。萌芽期3月上旬，开花期3月下旬，花期7～8天；果实采收期7月中旬，果实发育期105天左右；落叶期11月。

📖 品种评价

较丰产，品质中下，抗旱力强，适应性较广。

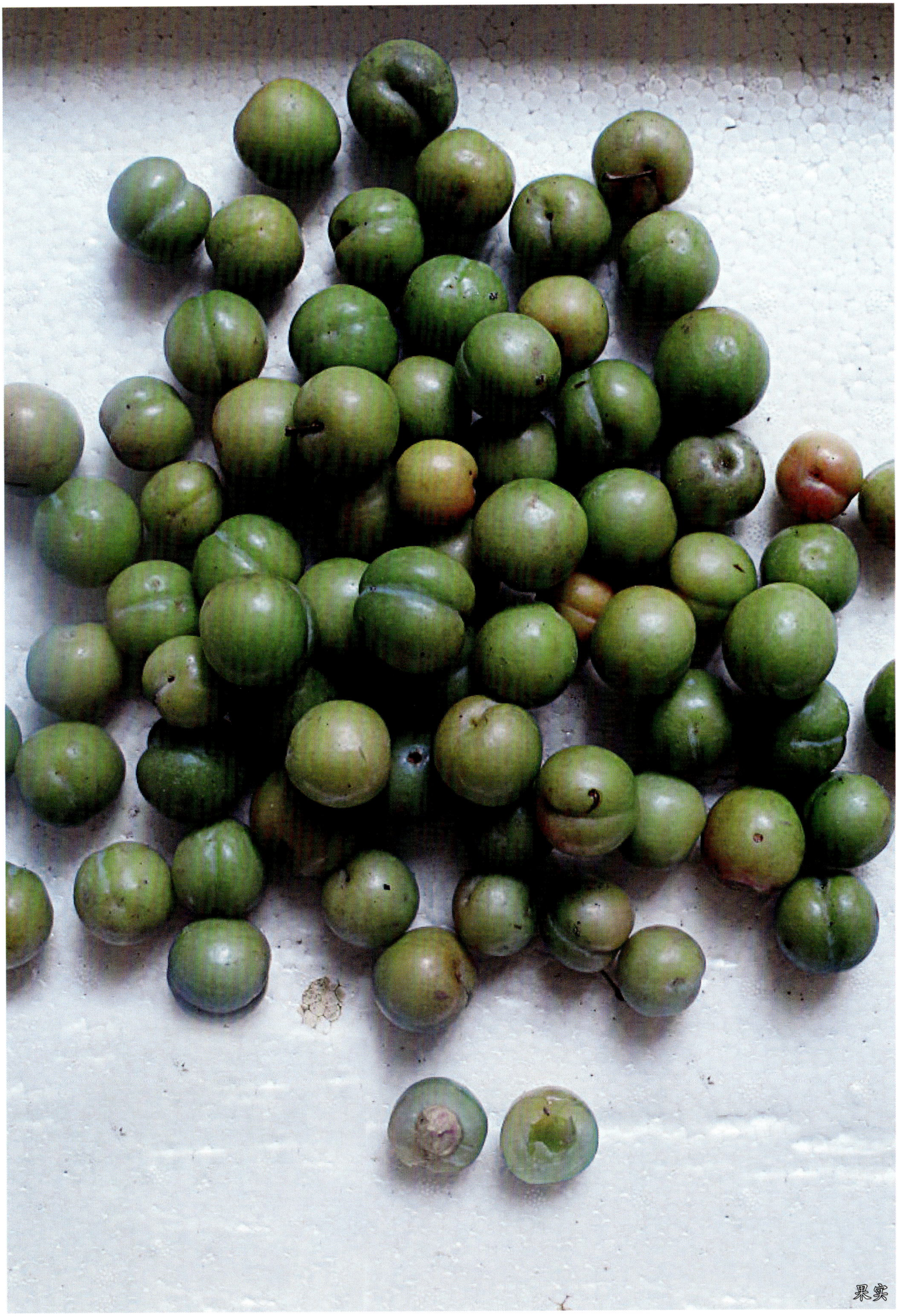

果实

中果牛心李

Prunus salicina Lindl.'Zhongguoniuxinli'

调查编号： FANGJGLXL061

所属树种： 李 *Prunus salicina* Lindl.

提 供 人： 黄身元
电　　话： 13481619421
住　　址： 广西壮族自治区百色市凌云县玉洪乡岩佃村草坪岩坷屯

调 查 人： 李贤良
电　　话： 13978358920
单　　位： 广西特色作物研究院

调查地点： 广西壮族自治区百色市凌云县玉洪乡岩佃村草坪岩坷屯

地理数据： GPS数据（海拔: 1006m，经度: E106°28′50.93″，纬度: N24°32′41.58″）

生境信息

来源于当地，生长于坡地人工林，土壤为砂壤土，树龄为32年。

植物学信息

1. 植株情况

乔木，树势中等，树姿直立，树形为圆头形；树高6.3m，冠幅东西5.1m、南北5.2m；主干灰褐色，树皮纵状裂，枝条密度中。

2. 植物学特性

1年生枝红褐色，光滑无毛，平均长68cm，节间长1.4cm；叶片大，长10~10.5cm，宽3.5~3.6cm；叶柄长1.5~1.8cm，带红色，长倒卵圆形，基部楔形或阔楔形，尖端渐尖，叶边锯齿针状；花芽较肥大，顶端圆锥形，着生角度分离，茸毛中；花2~3朵并生；花梗长1~2cm；萼筒钟状，萼片长圆卵形，长约5mm；花瓣5片，白色，长倒卵圆形；花冠直径1.5~2.2cm；雌蕊1枚，柱头盘状，花柱比雄蕊稍长。

3. 果实性状

果实椭圆形，纵径3.97cm，横径3.91cm，侧径3.85cm，平均果重32.4g；果皮底色为浅绿色，着彩色为紫红；缝合线极深，两侧对称，果顶平齐；梗洼深度中，果梗粗；果皮厚，茸毛少，剥皮容易；果肉乳黄色，各部分成熟度不一致，质地松软，纤维少，汁液多，风味甜酸，香味无，不离核；可溶性固形物含量12.7%，可溶性糖含量6.9%，酸含量1.8%，每百克果肉中含有维生素C6.0mg；品质中。

4. 生物学习性

生长势中庸，萌芽力高，发枝力中，中心主干生长强度中等。2~3年开始结果，5~6年进入盛果期；以花束状果枝和短果枝结果为主；全树坐果，坐果力中，生理落果中，采前落果少，产量中，大小年不显著。萌芽期3月上旬，开花期3月下旬；果实采收期7月下旬；落叶期11月。

品种评价

较丰产，品质中等，较抗旱，耐贫瘠，适应性较广。

生境

植株

花蕾

芽

幼果

中号墨李

Prunus salicina Lindl.'Zhonghaomoli'

调查编号：FANGJGLXL062

所属树种：李 *Prunus salicina* Lindl.

提 供 人：杨昌发
电　　话：15278686829
住　　址：广西壮族自治区百色市乐
业县甘田镇九浪

调 查 人：李贤良
电　　话：13978358920
单　　位：广西特色作物研究院

调查地点：广西壮族自治区百色市市
乐业县甘田镇九浪

地理数据：GPS数据（海拔：1006m，
经度：E106°28′43.31″，
纬度：N24°35′20.41″）

生境信息

来源于当地，生长于田间平地，土壤为砂壤土，树龄为8年。

植物学信息

1. 植株情况

乔木，树势中健，树姿直立，树形圆锥形；树高3.7m，冠幅东西3.2m、南北3.1m；主干灰褐色，树皮块状裂，枝条密度中。

2. 植物学特性

1年生枝紫红色，无光泽，长度中，皮孔大小中，略凹，不规则形；叶片长卵圆形，浅绿色，基部楔形，尖端渐尖，叶边锯齿圆钝，齿尖有腺体；叶柄粗细中，带红色；花芽较小，顶端钝尖形，着生角度中等，茸毛中；花色泽浓，花瓣圆形，褶皱中；雄蕊粗度中，茸毛少，蜜盘黄色；萼片卵形，毛茸少，萼筒中。

3. 果实性状

果实近圆形，中大，纵径3.94cm，横径3.08cm，侧径3.13cm，平均果重33.5g，最大果重40g；果皮黄绿色；缝合线两侧不对称；果顶洼陷，顶洼深度中，梗洼深而广；果皮厚度中，茸毛中；果肉黄色，质地松脆，纤维少而细，汁液多，风味甜酸，香味浓；核中，离核，不裂；可溶性固形物含量11.4%，可溶性糖含量6.9%，酸含量1.1%，每百克果肉中含有维生素C4.5mg；品质上。

4. 生物学习性

树势较强，树姿较直立，萌芽力高，发枝力中，中心主干较强。3～4年开始结果，6～7年进入盛果期；以花束状果枝和短果枝结果为主；全树坐果，坐果力弱，生理落果多，采前落果多，产量较高，大小年显著。萌芽期3月上旬，开花期3月下旬，花期7～8天；果实采收期7月上旬，落叶期11月。

品种评价

品质优良，产量较高，适应性较广。

植株

叶片

花

果实

小牛心李

Prunus salicina Lindl.'Xiaoniuxinli'

○ 调查编号： FANGJGLXL063

○ 所属树种： 李 *Prunus salicina* Lindl.

○ 提 供 人： 杨昌发
电　　话： 15278686829
住　　址： 广西壮族自治区百色市乐
业县甘田镇九浪

○ 调 查 人： 李贤良
电　　话： 13978358920
单　　位： 广西特色作物研究院

○ 调查地点： 广西壮族自治区百色市田
林县利周乡老山村果麻屯

○ 地理数据： GPS数据（海拔：1006m，
经度：E106°19′32.37″，纬度：N24°18′28.52″）

生境信息

来源于外地，生长于坡地人工林，土壤为壤土，树龄为12年。

植物学信息

1. 植株情况

乔木，树势中等，树姿开张，树形半圆形；树高3.1m，冠幅东西2.5m、南北2.6m，干高1.1m，干周17cm；主干褐色，树皮丝状裂，枝条密度中。

2. 植物学特性

1年生枝红褐色，有光泽，节间平均长1.65cm，平均粗0.8cm；叶片长10.22cm，宽5.14cm，倒卵圆形；叶柄长1.38cm，本色；花2~3朵并生；花梗长1~2cm；萼筒钟状，萼片长圆卵形，长约5mm；花瓣5片，白色，长倒卵圆形；花冠直径1.5~2.2cm；雌蕊1枚，柱头盘状，花柱比雄蕊稍长。

3. 果实性状

果实圆形，纵径2.54cm，横径2.75cm，侧径2.17cm；平均果重15.7g，最大果重22.8g；果皮底色为浅绿色，着彩色为紫红色；缝合线不显著，两侧对称；果顶平齐；果肉厚0.5cm，橙黄色，近核处同肉色；果肉质地松软，纤维少，汁液少，风味酸甜，香味淡，核中等大小，半离核，核不裂；可溶性固形物含量12.8%；品质上。

4. 生物学习性

萌芽力高，发枝力中，中心主干弱。4年开始结果，6年进入盛果期；以花束状果枝和短果枝结果为主；全树坐果，坐果力中，生理落果多，采前落果少，产量中，大小年不显著。萌芽期3月上旬，开花期3月下旬，果实采收期7月下旬；落叶期11月。

品种评价

高产，抗旱，耐贫瘠，适应性较广。

结果状

植株

叶片

花

果实

红皮红肉李

Prunus salicina Lindl.'Hongpihongrouli'

调查编号： FANGJGLXL064

所属树种： 李 *Prunus salicina* Lindl.

提 供 人： 杨昌发
电　　话： 15278686829
住　　址： 广西壮族自治区百色市乐
　　　　　业县甘田镇九浪

调 查 人： 李贤良
电　　话： 13978358920
单　　位： 广西特色作物研究院

调查地点： 广西壮族自治区百色市乐
　　　　　业县甘田镇九浪

地理数据： GPS数据（海拔：1005m,
　　　　　经度：E106°2841.39",纬度：N24°3521.78"）

生境信息

来源于外地，生长于平地人工林，土壤为壤土，树龄为21年。

植物学信息

1. 植株情况

乔木，树势强，树姿直立，树形半圆头形；树高4.8m，冠幅东西4.1m、南北3.0m；主干灰色.树皮块状裂，枝条密度中。

2. 植物学特性

1年生枝暗紫红色，无光泽，平均节间长1.61cm；皮孔大小中，数量中，平，椭圆形；多年生枝条褐色，叶片浅绿色，长6.6cm，宽2.9cm；叶尖渐尖；叶基部褶缩，叶边锯齿圆钝，齿尖无腺体；叶柄长，带红色；花普通形，色泽浓，花瓣圆形，白色；雄蕊粗度中，茸毛少，蜜盘黄色；萼片卵形，毛茸少，萼筒中。

3. 果实性状

果实扁圆形，中大，平均果重33.4g，果皮底色为白色，着彩色为紫红，部分有条；缝合线宽浅，两侧不对称；果顶短圆，顶洼深度中，梗洼宽度狭，不皱；果梗粗，果皮厚度中，茸毛多，蜡质薄；果肉紫红色，各部分成熟度不一致，质地松软，脆，纤维中粗，汁液多，风味酸甜，香味中，果核甜，粘核；可溶性固形物含量12.8%，可溶性糖含量11.5%；酸含量0.9%，每百克果肉中含有维生素C4.1mg；品质中。

4. 生物学习性

萌芽力中，发枝力弱，生长势中。开始结果3~4年，6~7年进入盛果期；以短果枝结果为主，全树坐果，坐果力中，生理落果中，采前落果少，产量中，大小年不显著。萌芽期3月下旬，开花期4月中旬，果实采收期8月上旬，落叶期11月中旬。

品种评价

较丰产，品质优，耐贫瘠，适应性较广。

叶片

花蕾

植株

枝条

大圆紫李

Prunus salicina Lindl.'Dayuanzili'

调查编号：FANGJGLXL103

所属树种：李 *Prunus salicina* Lindl.

提 供 人：杨昌发
电　　话：15278686829
住　　址：广西壮族自治区百色市乐
业县甘田镇九浪

调 查 人：李贤良
电　　话：13978358920
单　　位：广西特色作物研究院

调查地点：广西壮族自治区百色市乐
业县甘田镇九浪

地理数据：GPS数据（海拔：1001m，
经度：E106°2843.53"，纬度：N24°3357.82"）

生境信息

来源于当地，生长于坡地人工林，土壤为砂壤土，树龄为10年。

植物学信息

1. 植株情况

乔木，树势健壮，树姿半开张，树形近圆形；树高3.4m，冠幅东西3.2m、南北3.5m，干高84cm，干周29cm；主干灰褐色，树皮纵裂状，枝条密度中。

2. 植物学特性

1年生枝红褐色，有光泽，节间平均长度1cm，皮孔小，不规则形；叶片长倒卵圆形，长7.3～8.7cm，宽3.1～3.5cm，基部楔形，尖端渐尖，叶边锯齿细钝，齿尖有腺体，叶柄长1.0～1.5cm；花2～3朵并生；花梗长1～2cm；萼筒钟状，萼片长圆卵形，长约5mm；花瓣5片，白色，长倒卵圆形；花冠直径1.5～2.2cm；雌蕊1枚，柱头盘状，花柱比雄蕊稍长。

3. 果实性状

果实扁圆形，平均果重40.4g，最大果重54.5g；果皮底色为浅绿色，着彩色为紫色；缝合线较深，两侧不对称；果顶平齐，梗洼宽度中，深度中，不皱；果梗粗，果皮厚度中，茸毛少；蜡质层少，剥皮困难；果肉乳黄色，近核处玫瑰红色；果肉各部分成熟度不一致，质地致密，脆，纤维中，细，汁液多，风味酸甜，香味浓，离核；可溶性固形物含量11%，酸含量1%；品质中。

4. 生物学习性

萌芽力中等，发枝力较低，生长势强。栽后3～4年开始结果，5～6年进入盛果期年；以短果枝和花束状果枝结果为主；全树坐果，坐果力弱，生理落果多，采前落果少，产量中，大小年显著。萌芽期3月上旬，开花期3月下旬，果实采收期7月中旬，落叶期11月。

品种评价

较丰产，抗旱，耐贫瘠，适应性较广。

果实

花

花蕾

枝条

成县李1号

Prunus salicina Lindl.'Chengxianli 1'

调查编号：CAOQFMYP063

所属树种：李 *Prunus salicina* Lindl.

提 供 人：郭社旗
电　　话：15593909080
住　　址：甘肃省陇南市成县林业局

调 查 人：曹秋芬
电　　话：13753480017
单　　位：山西省农业科学院生物技术研究中心

调查地点：甘肃省陇南市成县抛沙镇唐坪村

地理数据：GPS数据（海拔：1229m，经度：E105°40'11"，纬度：N33°42'05"）

生境信息

来源于当地，生长于庭院，土壤为砂壤土，树龄为17年。

植物学信息

1. 植株情况

乔木，树势健壮，树姿直立，树形半圆形；树高5m，冠幅东西3m、南北4m，干高0.6m，干周23cm；主干灰褐色，树皮丝状裂；枝条较密。

2. 植物学特性

1年生枝红褐色，有光泽，节间平均长1cm，皮孔小，数量少，平。叶片长9.5cm，宽2.8cm，长卵圆形，基部楔形，尖端渐尖，叶缘无褶缩，叶边锯齿圆钝；叶柄绿色；花2~3朵并生；花梗长1~2cm；萼筒钟状，萼片长圆卵形，长约5mm；花瓣5片，白色，长倒卵圆形，褶皱中；花冠直径1.5~2.2cm；雌蕊1枚，柱头盘状，雄蕊茸毛中，蜜盘黄色，花柱比雄蕊稍长。

3. 果实性状

果实圆形，纵径4.83cm，横径4.03cm，侧径4.72cm；平均果重46.7g，最大果重73.8g；果皮底色为橙黄色，着彩色玫瑰红色；缝合线不显著，两侧对称；果顶平齐，顶洼深度较浅；梗洼较深，果梗短。果皮薄，无茸毛，有光泽，蜡质层少，剥皮困难；果肉厚1.2cm，橙黄色，近核处同肉色，各部成熟度一致；果肉质地致密，纤维少，细，汁液多，风味甜酸，香味中，核小，核不裂，离核。可溶性固形物含量13.7%；品质上。

4. 生物学习性

生长势健壮，萌芽力中，发枝力中，中心主干生长强度中等。3~4年开始结果，6~7年进入盛果期；以花束状果枝和短果枝结果为主，中果枝10%，短果枝80%，腋花芽结果10%；全树坐果，坐果力弱，生理落果中，采前落果多，产量中，大小年不显著。萌芽期4月上旬，开花期4月下旬，花期7~8天；果实采收期8月中旬，果实发育期105天左右；落叶期11月。

品种评价

较高产，耐贫瘠，适应性较广。

植株

生境

花

果实

叶片

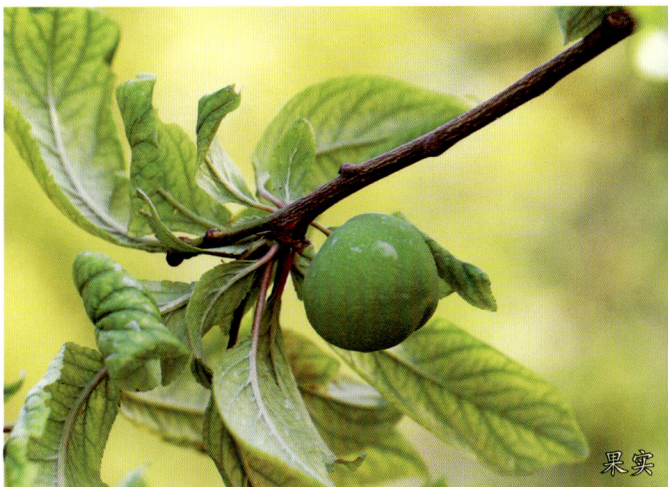

果实

康县玉李

Prunus salicina Lindl.'Kangxianyuli'

调查编号：CAOQFMYP048

所属树种：李 *Prunus salicina* Lindl.

提 供 人：王司远
电　　话：13659393671
住　　址：甘肃省陇南市康县林业局

调 查 人：曹秋芬
电　　话：13753480017
单　　位：山西省农业科学院生物技术研究中心

调查地点：甘肃省陇南市康县平洛镇张坪村

地理数据：GPS数据（海拔：1096m，经度：E105°34'34"，纬度：N33°33'10"）

生境信息

来源于当地，生长于田间的梯田人工林，土壤为砂壤土，树龄为20年。

植物学信息

1. 植株情况

乔木，树势中庸，树姿半开张，树形圆头形；树高3.5m，冠幅东西3.6m、南北3.5m，干高0.4m，干周30cm；主干灰黑色，树皮块状裂，枝条密度中。

2. 植物学特性

1年生枝红褐色，有光泽，节间平均长1.68cm，平均粗0.9cm；叶片长9.86cm，宽5.79cm，长卵圆形，叶基部楔形或阔楔形，尖端渐尖，叶边锯齿针状；叶柄长1.06cm，带红色；花2~3朵并生；花梗长1~2cm；萼筒钟状，萼片长圆卵形，长约5mm。花瓣5片，白色，长倒卵圆形，褶皱中；花冠直径1.5~2.2cm；雌蕊1枚，柱头盘状，雄蕊茸毛中，蜜盘黄色，花柱比雄蕊稍长。

3. 果实性状

果实近圆形，纵径4.23cm，横径5.76cm，侧径4.68cm，平均果重45.9g；果皮底色为白色，着彩色为黑紫红；缝合线两侧对称；果顶短圆，顶洼深度中，梗洼宽度中，不皱；果梗短，果皮厚，茸毛少；蜡质层厚，剥皮困难；果肉乳黄色，近核处同肉色，质地松软，脆，纤维中，粗，汁液多，风味酸甜，微香，核不裂，粘核；可溶性固形物含量13.3%，可溶性糖含量6.7%，酸含量1.1%，每百克果肉中含有维生素C6.0mg；品质上。

4. 生物学习性

生长健壮，萌芽力中，发枝力中，中心主干生长不强。3~4年开始结果，6~7年进入盛果期；以花束状果枝和短果枝结果为主；全树坐果，坐果力弱，生理落果多，采前落果多，产量较低，大小年显著。萌芽期4月上旬，开花期4月下旬，花期7~8天；果实采收期8月上旬，果实发育期100天左右；落叶期11月。

品种评价

较丰产，抗旱，耐贫瘠，适应性较广。

植株

苏家坨牛心李

Prunus salicina Lindl. 'Sujiatuoniuxinli'

调查编号： LITZLJS136

所属树种： 李 *Prunus salicina* Lindl.

提 供 人： 白金
电　　话： 010 – 82594670
住　　址： 北京市农林科学研究院

调 查 人： 刘佳梦
电　　话： 010 – 51503910
单　　位： 北京市农林科学院农业综
合发展研究所

调查地点： 北京市海淀区苏家坨镇

地理数据： GPS数据（海拔：110m，
经度：E116°10′36.71″，纬度：N40°04′50.95″）

生境信息

来源于当地，生长于田间的平地，土壤为壤土。树龄为10年。

植物学信息

1. 植株情况

乔木，树势中等，树姿半开张，树形扁圆头形；树高3.3m，冠幅东西4.1m、南北3.8m，干高44cm，干周59cm；主干褐色，树皮丝状裂，枝条密度中。

2. 植物学特性

1年生枝褐色，有光泽，长度中，节间平均长1.75cm，粗0.8cm；叶片绿色，倒卵圆形，长9.0 ~ 10.5cm，宽3.3 ~ 4.0cm，厚薄中，叶边锯齿钝，齿尖有腺体；叶柄长1.0 ~ 1.3cm，粗细中，本色；花2 ~ 3朵并生；花梗长1 ~ 2cm；萼筒钟状，萼片长圆卵形，长约5mm；花瓣5片，白色，长倒卵圆形；花冠直径1.5 ~ 2.2cm；雌蕊1枚，柱头盘状，花柱比雄蕊稍长。

3. 果实性状

果实椭圆形，纵径6.62cm，横径6.84cm，侧径6.73cm；平均果重64.9g，最大果重77.5g；果皮底色为橙黄色，着彩色为紫红；缝合线宽浅，两侧不对称；果顶平圆；梗洼狭而浅，果肉汁液少，风味酸甜，香味淡；核小，离核，核不裂；可溶性固形物含量11% ~ 13%；品质中上。

4. 生物学习性

发枝力强，生长势强；中心主干弱，骨干枝分枝角度开张。开始结果年龄3 ~ 4年，6 ~ 8年进入盛果期；短果枝80%，腋花芽结果10%；全树坐果，坐果力弱，生理落果多，采前落果多，产量低，大小年不显著。萌芽期3月下旬，开花期4月上中旬，果实采收期7月中旬，落叶期11月下旬。

品种评价

产量中等且稳定，优质，较抗旱、耐寒，适应性较广。

生境

植株

叶片

果实

果实

浅色黄干核

Prunus salicina Lindl. 'Qiansehuangganhe'

- 调查编号：LITZSHW012

- 所属树种：李 *Prunus salicina* Lindl.

- 提 供 人：李德本
  电　　话：13676543296
  住　　址：吉林省吉林市龙潭区承德
  　　　　　街道北甸子村

- 调 查 人：宋宏伟
  电　　话：13843426693
  单　　位：吉林省农业科学院果树研
  　　　　　究所

- 调查地点：吉林省吉林市龙潭区承德
  　　　　　街道北甸子村

- 地理数据：GPS数据（海拔：335m，
  经度：E126°34'45"，纬度：N43°55'19"）

生境信息

来源于当地，生长于平地人工林，土壤为砂壤土，树龄为22年。

植物学信息

1. 植株情况

乔木，树势中等，树姿开张，树形半圆形；树高4.6m，冠幅东西4.6m、南北4.5m，干高0.8m，干周65cm；主干褐色，树皮丝状裂，枝条密度中。

2. 植物学特性

1年生枝黄褐色，有光泽，节间平均长1.85cm，平均粗0.8cm；叶片长倒卵圆形，绿色，长9.73cm，宽4.26cm；叶柄平均长1.21cm，本色。花2~3朵并生；花梗长1~2cm；萼筒钟状，萼片长圆卵形，长约5mm；花瓣5片，白色，长倒卵圆形；花冠直径1.5~2.2cm；雌蕊1枚，柱头盘状，花柱比雄蕊稍长。

3. 果实性状

果实扁圆形，纵径2.56cm，横径2.83cm，侧径2.51cm；平均果重11.8g，最大果重13.2g；幼果绿色，成熟果乳黄色；果面光滑，缝合线不显著，两侧对称；果顶尖圆；果肉颜色橙黄色；果肉厚0.8cm，近核处同肉色；果肉质地松软，纤维少，汁液多，风味酸甜，香味淡；果核小，离核，核不裂；可溶性固形物含量16.8%；品质中。

4. 生物学习性

萌芽力中等，发枝力中等，中心主干弱，骨干枝分枝角度较开张。栽后3~4年开始结果，6~8年进入盛果期；以花束状果枝和短果枝结果为主；全树坐果，坐果力弱，生理落果多，采前落果多，产量较低，大小年不显著。萌芽期3月中旬，开花期4月上旬，果实采收期8月下旬，落叶期11月下旬。

品种评价

产量中等，品质中等，耐贫瘠、耐干旱，适应性较广。

植株

花

果实

叶片

果实

二道李子梅

Prunus salicina Lindl.' Erdaolizimei'

调查编号： LITZSHW018

所属树种： 李 *Prunus salicina* Lindl.

提 供 人： 李德本
电　　话： 13676543296
住　　址： 吉林省吉林市龙潭区承德街道北甸子村

调 查 人： 宋宏伟
电　　话： 13843426693
单　　位： 吉林省农业科学院果树研究所

调查地点： 吉林省吉林市丰满区前二道乡二道村

地理数据： GPS数据（海拔：202m，经度：E126°29'01"，纬度：N43°45'14"）

生境信息

来源于当地，生长于平地人工林，土壤为砂壤土，树龄为20年。

植物学信息

1. 植株情况

乔木，树势中等，树姿开张，树形半圆形；树高4.8m，冠幅东西4.8m、南北4.9m，干高0.8m，干周62cm；主干褐色，树皮丝状裂，枝条密度中。

2. 植物学特性

1年生枝红褐色，有光泽，节间平均长1.68cm，平均粗度0.9cm；多年生枝灰褐色。叶片平均长9.83cm，宽7.35cm，长卵圆形；叶尖渐尖；叶柄平均长1.06cm，绿色；花2~3朵并生；花梗长1~2cm；萼筒钟状，萼片长圆卵形，长约5mm；花瓣5片，白色，长倒卵圆形；花冠直径1.5~2.2cm；雌蕊1枚，柱头盘状，花柱比雄蕊稍长。

3. 果实性状

果实圆形，纵径3.35cm，横径3.38cm，侧径3.09cm；平均果重26.8g，最大果重27.6g；成熟果紫红色；缝合线不显著，两侧对称；果顶平齐；果肉厚1.2cm，浅绿色，近核处同肉色；果肉质地松软，纤维中，汁液多，风味甜酸，香味淡，果核小，离核，核不裂；可溶性固形物含量6.4%；品质上。

4. 生物学习性

萌芽力强，发枝力中等，中心主干弱。开始结果年龄4年，进入盛果期年龄6年；全树坐果，坐果力弱，生理落果多，采前落果多，产量低，大小年不显著。萌芽期3月中旬，开花期4月上旬，果实采收期8月下旬。

品种评价

品质优，产量低，耐寒性好，适应性较广。

果实

花

花蕾

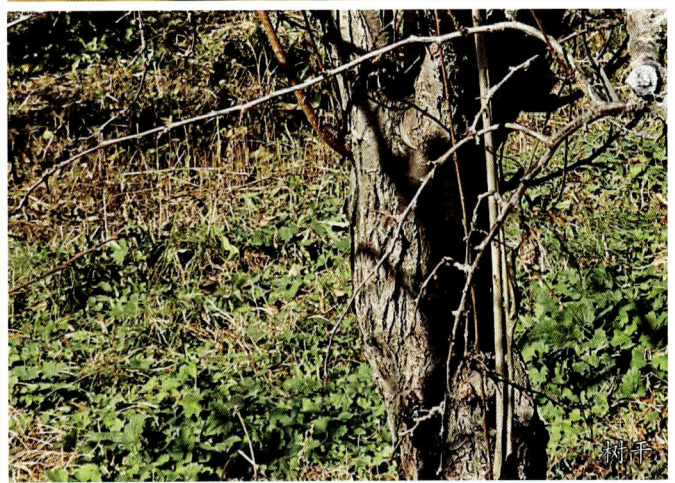
树干

吉中黄

Prunus salicina Lindl.'Jizhonghuang'

调查编号：LITZSHW024

所属树种：李 *Prunus salicina* Lindl.

提 供 人：王志来
电　　话：13123674587
住　　址：吉林省磐石市宝山乡北锅盔村

调 查 人：宋宏伟
电　　话：13843426693
单　　位：吉林省农业科学院果树研究所

调查地点：吉林省磐石市宝山乡北锅盔村

地理数据：GPS数据（海拔：369m，经度：E126°02'55"，纬度：N42°51'35"）

生境信息

来源于当地，生长于平地人工林，土壤为砂壤土，树龄为8年。

植物学信息

1. 植株情况

乔木，树势中等，树姿开张，树形半圆形；树高3.7m，冠幅东西2.7m、南北2.8m，干高0.8m，干周28cm；主干褐色，树皮丝状裂，枝条密度中。

2. 植物学特性

1年生枝红褐色，有光泽，节间平均长1.68cm；平均粗0.8cm；叶片绿色，长9.81cm，宽5.28cm；叶柄平均长1.16cm，绿色；花2~3朵并生；花梗长1~2cm；萼筒钟状，萼片长圆卵形，长约5mm；花瓣5片，白色，长倒卵圆形；花冠直径1.5~2.2cm；雌蕊1枚，柱头盘状，花柱比雄蕊稍长。

3. 果实性状

果实圆形，纵径3.78cm，横径3.96cm，侧径3.63cm；平均果重32.6g，最大果重42.5g；果皮底色为浅绿色，成熟果黄色；缝合线不显著，两侧对称；果顶平圆；果肉厚0.9cm，橙黄色，近核处同肉色；果肉质地松软，纤维少，汁液多，风味酸甜，香味淡，果核小，离核，核不裂；可溶性固形物含量15.8%；品质上。

4. 生物学习性

中心主干弱，萌芽力强，发枝力中等；开始结果年龄4年，进入盛果期年龄6年；以短果枝结果为主；全树坐果，坐果力中等，生理落果多，采前落果多，产量中等，大小年不显著。萌芽期3月中旬，开花期4月上旬，果实采收期8月下旬。

品种评价

丰产性中等，抗旱，耐贫瘠，适应性较广。

植株

花蕾

花

叶片

果实

晚黑李

Prunus salicina Lindl.'Wanheili'

⊙ 调查编号：LITZSHW030

🔖 所属树种：李 *Prunus salicina* Lindl.

📄 提 供 人：王志来
　　电　　话：13123674587
　　住　　址：吉林省磐石市宝山乡北锅
　　　　　　　盔村

📇 调 查 人：宋宏伟
　　电　　话：13843426693
　　单　　位：吉林省农业科学院果树研
　　　　　　　究所

📍 调查地点：吉林省磐石市宝山乡北锅
　　　　　　　盔村

🌐 地理数据：GPS数据（海拔：369m，
　　　　　　　经度：E126°02'55"，纬度：N42°51'35"）

🗂 生境信息

来源于当地，生长于坡地人工林，土壤为砂壤土，树龄为12年。

📑 植物学信息

1. 植株情况

乔木，树势中等，树姿开张，树形半圆形；树高4.2m；冠幅东西3.4m、南北3.4m，干高0.8m，干周29cm；主干褐色，树皮丝状裂，枝条密度中。

2. 植物学特性

1年生枝红褐色，有光泽，节间平均长1.63cm，粗度平均0.8cm；多年生枝灰黑色，叶片绿色，长卵圆形，平均长9.57cm，宽4.61cm；叶尖渐尖；叶柄长1.13cm，绿色。花2～3朵并生；花梗长1～2cm；萼筒钟状，萼片长圆卵形，长约5mm；花瓣5片，白色，长倒卵圆形；花冠直径1.5～2.2cm；雌蕊1枚，柱头盘状，花柱比雄蕊稍长。

3. 果实性状

果实近圆形，纵径5.13cm，横径5.24cm，侧径4.98cm；平均果重32.6g，最大果重46.3g；果皮底色为浅绿色，成熟果彩紫红色；缝合线不显著，两侧对称；果顶平圆；果肉厚1.8cm，橙黄色，近核处同肉色；果肉质地致密，纤维少，汁液少，风味甜酸，香味淡，核中等大小，半离核，核不裂；可溶性固形物含量11.6%；品质中。

4. 生物学习性

萌芽力强，发枝力强，生长势强。短果枝占85%，中果枝10%；全树坐果，坐果力中等，生理落果多，采前落果少，大小年不显著。萌芽期3月中旬，开花期4月中旬，果实采收期8月上旬，落叶期11月上旬。

📋 品种评价

高产，抗旱，耐寒，耐贫瘠，适应性广。

植株

叶片

花

果实

沙金沟离核李

Prunus salicina Lindl.'Shajingouliheli'

调查编号: LITZWAD009

所属树种: 李 *Prunus salicina* Lindl.

提 供 人: 牛大力
电　　话: 15616235635
住　　址: 辽宁省葫芦岛市南票区暖池塘镇沙金沟村

调 查 人: 王爱德
电　　话: 18204071798
单　　位: 沈阳农业大学园艺学院

调查地点: 辽宁省葫芦岛市南票区暖池塘镇沙金沟村

地理数据: GPS数据（海拔: 115m, 经度: E120°38'20", 纬度: N41°04'52"）

生境信息

来源于外地，生长于田间的平地人工林，土壤为壤土，树龄为12年。

植物学信息

1. 植株情况

乔木，树势中健，树姿较开张，树形开心形；树高3.5m，冠幅东西3.0m、南北2.8m，干高0.9m；主干褐色，树皮丝状裂，枝条密。

2. 植物学特性

1年生枝紫红色，无光泽，节间平均长1.64cm，粗0.9cm；皮孔数量中多，平，椭圆形；多年生枝灰黑色，叶片绿色，长卵圆形，叶平均长9.47cm，宽4.63cm；叶尖渐尖；基部褶缩中等，叶边锯齿锐状，齿尖无腺体；叶柄长1.2cm，绿略带红色；花2~3朵并生；花梗长1~2cm；萼筒钟状，萼片长圆卵形，长约5mm；花瓣5片，白色，长倒卵圆形；花冠直径1.5~2.2cm；雌蕊1枚，柱头盘状，花柱比雄蕊稍长。

3. 果实性状

果实圆形，平均果重24.7g；果皮底色为浅绿色，着彩色为紫红；缝合线两侧不对称；果顶尖圆；顶洼浅，梗洼宽而深，不皱；果梗粗；果皮厚度中，茸毛少，蜡质层厚；果肉乳黄色，近核处同肉色；果肉质地松软，汁液多，风味甜酸，香味中，甜仁，核裂，粘核；可溶性固形物含量13.2%，可溶性糖含量7.1%，酸含量1.5%，每百克果肉中含有维生素C3.0mg；品质中上。

4. 生物学习性

树势中庸，萌芽力中，生长势中等。2~3年开始结果，5~6年进入盛果期；以短果枝和花束状果枝结果为主。全树坐果，坐果力中，生理落果中，采前落果少，大小年显著。4月上旬花芽萌动，4月底或5月初盛花期，8月下旬果实成熟。11月落叶。

品种评价

丰产，较抗旱、抗寒，适应性较广。

植株

枝条

叶片

花

果实

果实

小黄干核

Prunus salicina Lindl.'Xiaohuangganhe'

调查编号：LITZSHW100

所属树种：李 *Prunus salicina* Lindl.

提 供 人：李德本
电　　话：13676543296
住　　址：吉林省吉林市龙潭区承德街道北甸子村

调 查 人：宋宏伟
电　　话：13843426693
单　　位：吉林省农业科学院果树研究所

调查地点：吉林省吉林市龙潭区承德街道北甸子村

地理数据：GPS数据（海拔：335m，经度：E126°34'45"，纬度：N43°55'19"）

生境信息

来源于当地，生长于坡地人工林，土壤为砂壤土，树龄为10年。

植物学信息

1. 植株情况

乔木，树势中等，树姿开张，树形半圆形；树高3.1m；冠幅东西2.7m、南北2.6m，干高0.8m，干周26cm；主干褐色，树皮丝状裂，枝条密度中。

2. 植物学特性

1年生枝黄褐色，有光泽，长度中，节间平均长1.85cm，平均粗0.8cm。叶片绿色，长卵圆形，平均长9.75cm，宽4.16cm；叶尖渐尖；叶柄平均长1.25cm，绿色；花2～3朵并生；花梗长1～2cm；萼筒钟状，萼片长圆卵形，长约5mm；花瓣5片，白色，长倒卵圆形；花冠直径1.5～2.2cm；雌蕊1枚，柱头盘状，花柱比雄蕊稍长。

3. 果实性状

果实近圆形，纵径2.46cm，横径2.65cm，侧径2.58cm；平均果重9.5g，最大果重11.3g；果皮底色为橙黄色；缝合线显著，两侧对称；果顶尖圆；果肉厚0.5cm，橙黄色，近核处同肉色；果肉质地松软，纤维少，汁液多，风味酸甜，香味淡，果核小，离核，核不裂；可溶性固形物含量16.9%；品质中。

4. 生物学习性

萌芽力强，发枝力强，生长势强。早果性好，以短果枝结果为主，短果枝占85%；全树坐果，坐果力强，生理落果少，采前落果多，大小年显著。萌芽期3月中旬，开花期4月中旬，果实采收期8月上旬，落叶期11月上旬。

品种评价

高产，抗旱、抗寒性好，适应性较广。

叶片

植株

果实

果实

北京紫李

Prunus salicina Lindl.'Beijingzili'

调查编号：LITZLJS131

所属树种：李 *Prunus salicina* Lindl.

提 供 人：刘玉梅
电　　话：13910783031
住　　址：北京市通州区园林绿化局

调 查 人：刘佳芬
电　　话：010－51503910
单　　位：北京市农林科学院农业综
合发展研究所

调查地点：北京市通州区于家务回族
乡枣林村

地理数据：GPS数据（海拔：21m，
经度：E116°43'28"，纬度：N39°39'44"）

生境信息

来源于当地，生长于田间的平地，土壤为砂壤土，树龄为14年。

植物学信息

1. 植株情况

乔木，树势中强，树姿半开张，树形半圆形；树高2.5m，冠幅东西3.5m、南北3.2m，干高48cm，干周22cm；主干深褐色，树皮纵裂状，枝条密度中。

2. 植物学特性

1年生枝红褐色，有光泽，节间平均长1.85cm，粗度中，平均粗0.8cm；叶片倒卵圆形，长8.5～9.5cm，宽3～3.5cm，叶边锯齿针状，齿尖有腺体，叶尖渐尖；叶柄长1～1.5cm，绿色；花2～3朵并生；花梗长1～2cm；萼筒钟状，萼片长圆卵形，长约5mm；花瓣5片，白色，长倒卵圆形；花冠直径1.5～2.2cm；雌蕊1枚，柱头盘状，花柱比雄蕊稍长。

3. 果实性状

果实心形，纵径5cm，横径4.65cm，侧径4.6cm；平均果重61.1g，最大果重68g；果皮底色为浅绿色，着彩色为暗红；缝合线宽浅，两侧不对称；果肉橙黄色，汁液多，风味甜，香味浓，可溶性固形物含量16%；离核；品质上。

4. 生物学习性

萌芽力强，发枝力强，生长势强。早实性好，以短果枝和花束状果枝结果为主，短果枝占85%；全树坐果，坐果力强，生理落果少，采前落果多，产量丰产，大小年不显著。萌芽期3月中旬，开花期4月中旬，果实采收期8月上旬，落叶期11月上旬。

品种评价

丰产性好，较抗旱，适应性较广。

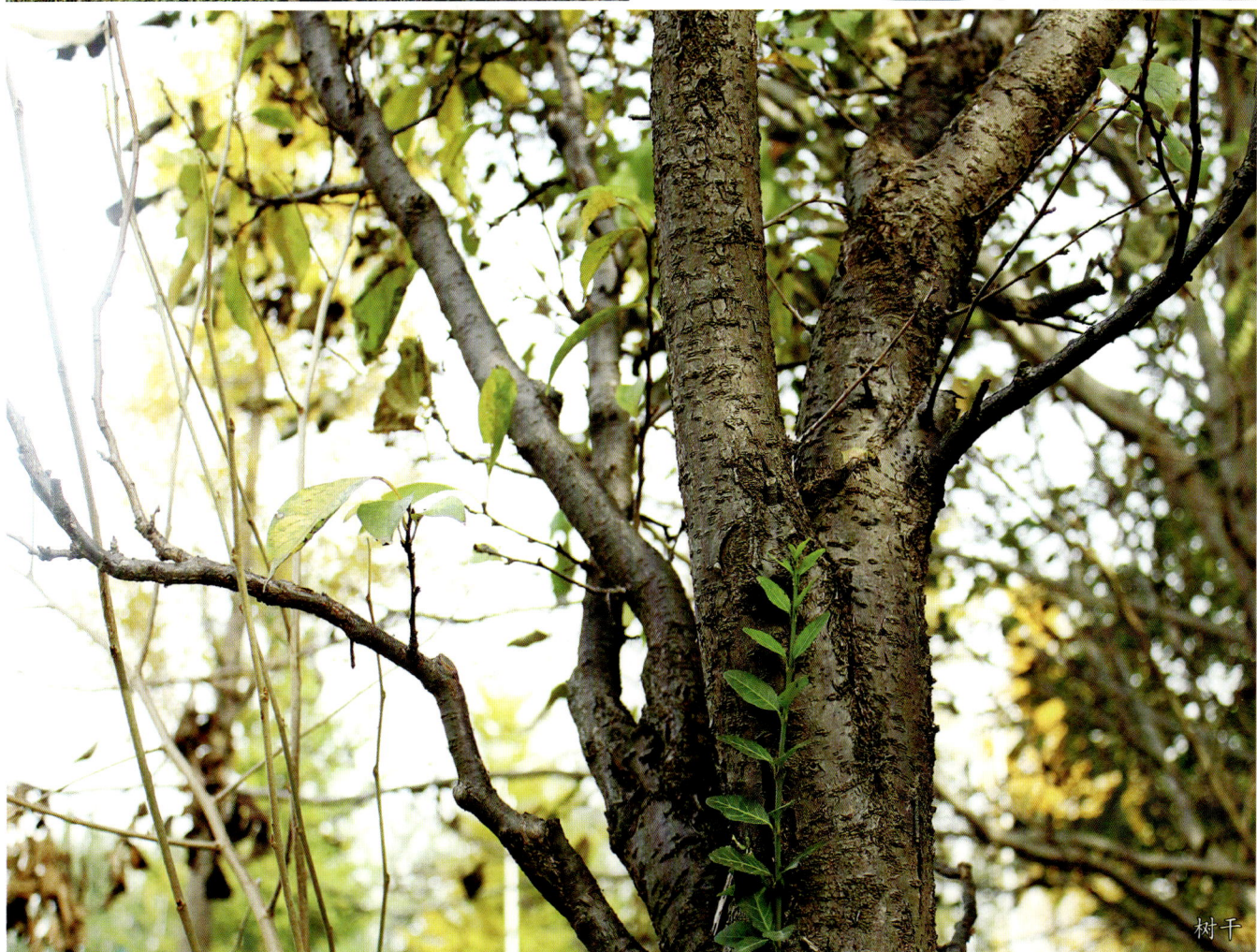

植株

枝条

树干

涧头平顶香

Prunus salicina Lindl.'Jiantoupingdingxiang'

调查编号： LITZLJS137

所属树种： 李 *Prunus salicina* Lindl.

提 供 人： 李雪红
电　　话： 13521495495
住　　址： 北京市昌平区科学技术委员会

调 查 人： 刘佳琴
电　　话： 010－51503910
单　　位： 北京市农林科学院农业综合发展研究所

调查地点： 北京市昌平区十三陵镇涧头村

地理数据： GPS数据（海拔：91m，经度：E116°12'17.97"，纬度：N40°14'33.49"）

生境信息

来源于当地，树龄为8年，生长于平地成片栽培的李园，土壤为砂壤土。

植物学信息

1. 植株情况

乔木，树势中等，树姿半开张，树形圆头形；树高2.8m，冠幅东西3.5m、南北3.8m，干高45cm，干周42cm；主干灰褐色，枝条密度中。

2. 植物学特性

1年生枝红褐色；节间平均长1.85cm，平均粗0.8cm。叶片长椭圆形，长9.6cm，宽3.4cm；叶尖渐尖，叶基楔形。叶柄长1~1.5cm，绿色。花2~3朵并生；花梗长1~2cm；萼筒钟状，萼片长圆卵形，长约5mm；花瓣5片，白色，长倒卵圆形；花冠直径1.5~2.2cm；雌蕊1枚，柱头盘状，花柱比雄蕊稍长。

3. 果实性状

果实近圆形，平均果重22.5g，最大果重24.5g；果皮底色为乳黄色，着彩色为紫红色；果顶平齐，顶洼明显；果梗短；果皮薄，剥皮容易；果肉为橙黄色，汁液多，风味甜，香味淡，果核中，离核；可溶性固形物含量14.4%；品质中上。

4. 生物学习性

树势健壮，发枝力强，生长势强，中心主干弱。开始结果树龄为3~4年，6年进入盛果期；中果枝10%，短果枝10%；全树坐果，坐果力弱，生理落果多，采前落果多，产量中，大小年不显著。萌芽期3月下旬，开花期4月上旬，果实采收期7月下旬，落叶期11月中旬。

品种评价

较丰产，抗旱，耐贫瘠，适应性较广。

植株

叶片

果实

果实

二道大黄干核

Prunus salicina Lindl.'Erdaodahuangganhe'

調查编号：LITZSHW013

所属树种：李 *Prunus salicina* Lindl.

提 供 人：李德本
电　　话：13676543296
住　　址：吉林省吉林市龙潭区承德
　　　　　街道北甸子村

调 查 人：宋宏伟
电　　话：13843426693
单　　位：吉林省农业科学院果树研
　　　　　究所

调查地点：吉林省吉林市丰满区前二
　　　　　道乡二道村

地理数据：GPS数据（海拔：3202m,
　　　　　经度：E126°29'01",纬度：N43°45'14"）

生境信息

来源于当地，地形为坡地人工林，土壤为砂壤土，树龄为10年。

植物学信息

1. 植株情况

乔木，树势中等，树姿开张，树形半圆形；树高3.3m，冠幅东西2.7m、南北2.6m，干高0.8m，干周36cm；主干褐色，树皮丝状裂，枝条密度中。

2. 植物学特性

1年生枝红褐色，有光泽，节间平均长1.85cm，平均粗0.8cm；叶片绿色，长卵圆形，长9.78cm，宽4.36cm；叶柄长1.22cm，绿色；花2～3朵并生；花梗长1～2cm；萼筒钟状，萼片长圆卵形，长约5mm；花瓣5片，白色，长倒卵圆形；花冠直径1.5～2.2cm；雌蕊1枚，柱头盘状，花柱比雄蕊稍长。

3. 果实性状

果实扁圆形，纵径2.76cm，横径3.05cm，侧径2.96cm；平均果重15.8g，最大果重17.8g；果皮底色为绿黄色，着橙黄色；缝合线不显著，两侧对称；果顶平齐；果肉厚1.1cm，橙黄色，近核处同肉色；果肉质地松软，纤维少，汁液多，风味酸甜，香味淡，果核小，离核，核不裂；可溶性固形物含量14.9%；品质中。

4. 生物学习性

中心主干较弱，萌芽力弱，发枝力中，生长势中。树体上部坐果，坐果力弱，生理落果中，采前落果少；产量中，大小年不显著。开始结果年龄3～4年，盛果期年龄6年；长果枝80%，中果枝10%，短果枝80%；萌芽期3月下旬，开花期4月上旬，果实采收期7月下旬，落叶期11月中旬。

品种评价

产量中等，抗旱，耐贫瘠，适应性较广。

果实

叶片

花

吉好

Prunus salicina Lindl.'Jihao'

🔘 调查编号：LITZSHW019

🏷️ 所属树种：李 *Prunus salicina* Lindl.

📄 提 供 人：李德本
　　电　　话：13676543296
　　住　　址：吉林省吉林市龙潭区承德
　　　　　　　街道北甸子村

📋 调 查 人：宋宏伟
　　电　　话：13843426693
　　单　　位：吉林省农业科学院果树研
　　　　　　　究所

📍 调查地点：吉林省吉林市丰满区前二
　　　　　　　道乡二道村

🌐 地理数据：GPS数据（海拔：202m，
　　　　　　　经度：E126°29'01"，纬度：N43°45'14"）

🔖 生境信息

来源于当地，地形为坡地人工林，土壤为砂壤土，树龄为10年。

📋 植物学信息

1. 植株情况

乔木，树势中等，树姿开张，树形半圆形；树高3.8m，冠幅东西3.0m、南北2.9m，干高0.8m，干周32cm；主干褐色，树皮丝状裂，枝条密度中。

2. 植物学特性

1年生枝红褐色，有光泽，节间平均长1.69cm，平均粗0.8cm；多年生枝暗褐色，叶片绿色，长卵圆形，长9.76cm，宽4.45cm，叶柄长1.16cm，绿色；花2~3朵并生；花梗长1~2cm；萼筒钟状，萼片长圆卵形，长约5mm；花瓣5片，白色，长倒卵圆形；花冠直径1.5~2.2cm；雌蕊1枚，柱头盘状，花柱比雄蕊稍长。

3. 果实性状

果实尖圆形，纵径4.12cm，横径4.16cm，侧径3.87cm；平均果重46.8g，最大果重52.6g；果皮底色为橙黄色，彩色为玫瑰红色；缝合线不显著，两侧对称；果顶凸起；果肉厚1.5cm，橙黄色，近核处同肉色，果肉质地松软，纤维少，汁液多，风味酸甜，香味淡，果核小，离核，核不裂；可溶性固形物含量13.2%；品质上。

4. 生物学习性

萌芽力弱，发枝力中，生长势强，中心主干强度中，徒长枝数目中。开始结果年龄栽后4年，进入盛果期年龄栽后6~7年；中果枝10%，短果枝90%；树体上部坐果，坐果力弱，生理落果中，采前落果少，产量中，大小年不显著。萌芽期3月下旬，开花期4月中旬，果实采收期7月下旬，落叶期11月中旬。

📖 品种评价

较丰产，较抗旱，耐贫瘠；适应性较广。

芽

植株

叶片

果实

果实

枝条

早李子

Prunus salicina Lindl.'Zaolizi'

调查编号: LITZSHW025

所属树种: 李 *Prunus salicina* Lindl.

提 供 人: 范西德
电　　话: 15838273415
住　　址: 黑龙江省鸡西市鸡冠区红
　　　　　星乡朝阳村果树示范场

调 查 人: 宋宏伟
电　　话: 13843426693
单　　位: 吉林省农业科学院果树研
　　　　　究所

调查地点: 黑龙江省鸡西市鸡冠区红
　　　　　星乡朝阳村果树示范场

地理数据: GPS数据（海拔：90m，
　　　　　经度: E131°00'36"，纬度: N45°15'29"）

生境信息

来源于当地，生长在平地成片栽培的果园，土壤为砂壤土，树龄为8年。

植物学信息

1. 植株情况

乔木，树势中等，树姿直立，树形半圆形；树高3.4m，冠幅东西2.4m、南北2.4m，干高0.8m，干周22cm；主干褐色，树皮丝状裂，枝条密度中。

2. 植物学特性

1年生枝红褐色，有光泽，节间平均长1.47cm，平均粗0.7cm；多年生枝红褐色，叶片绿色，倒卵圆形，长9.64cm，宽4.64cm；叶尖渐尖；叶柄长1.06cm，绿色；花2～3朵并生；花梗长1～2cm；萼筒钟状，萼片长圆卵形，长约5mm；花瓣5片，白色，长倒卵圆形；花冠直径1.5～2.2cm；雌蕊1枚，柱头盘状，花柱比雄蕊稍长。

3. 果实性状

果实扁圆形，纵径3.13cm，横径3.24cm，侧径2.98cm；平均果重24.7g，最大果重32.6g；果皮底色为浅绿色，着彩色紫红色；缝合线明显，两侧对称；果顶平圆；果肉厚0.5cm，橙黄色，近核处同肉色，果肉质地松软，纤维少，汁液少，风味酸甜，香味淡，果核中等大小，半离核，核不裂；可溶性固形物含量10.8%；品质上。

4. 生物学习性

萌芽力弱，发枝力中，生长势强。4年开始结果，6年进入盛果期；以短果枝结果为主，长果枝10%，中果枝10%，短果枝80%；全树坐果，坐果力弱，生理落果中，采前落果少，产量中，大小年不显著。萌芽期3月下旬，开花期4月中旬，果实采收期7月下旬，落叶期11月中旬。

品种评价

高产，耐寒、耐旱，适应性较广。

植株

果实

叶片

果实

果实

宽甸大李

Prunus salicina Lindl.'Kuandiandali'

⊙ 调查编号：LITZWAD004

🔑 所属树种：李 *Prunus salicina* Lindl.

📄 提 供 人：张海生
    电　　话：15357532836
    住　　址：辽宁省鞍山市海城市八里
    镇东八里

📋 调 查 人：王爱德
    电　　话：18204071798
    单　　位：沈阳农业大学园艺学院

📍 调查地点：辽宁省鞍山市海城市八里
    镇东八里

🌐 地理数据：GPS数据（海拔：90m，
    经度：E122°44′54.50″，纬度：N40°477.93″）

🏷 生境信息

来源于外地，地形为平地，成片果园，土壤为砂壤土，树龄为20年。

📑 植物学信息

1. 植株情况

乔木，树势强，树姿直立，树形圆头形；树高3.8m，冠幅东西4.1m、南北4.0m；主干灰色，树皮块状裂，枝条密度中。

2. 植物学特性

1年生枝暗紫红色，无光泽，平均节间长1.6cm；皮孔大小中，椭圆形，平；多年生枝条褐色，叶片浅绿色，长5.6cm，宽2.5cm；叶尖渐尖；叶基楔形或宽楔形，叶边锯齿圆钝，齿尖无腺体；叶柄长，带红色；花普通形，色泽浓，花瓣圆形，白色，褶皱中；雄蕊粗度中，茸毛少，蜜盘黄色；萼片卵形，毛茸少，萼筒中。

3. 果实性状

果实扁圆形，平均果重53.4g；果皮底色为白色，着彩色为紫红色；缝合线宽浅，两侧不对称；果顶短圆，顶洼深度中，梗洼宽度狭，不皱；果梗粗，果皮厚度中，茸毛多；蜡质薄；果肉乳黄色，近核处红色；果肉各部成熟度不一致，质地松软，纤维中粗，汁液多，风味酸甜，香味中，果核甜，粘核；可溶性固形物含量12.8%，可溶性糖含量11.5%；酸含量0.9%；每百克果肉中含有维生素C4.1mg；品质中。

4. 生物学习性

萌芽力中，发枝力弱，生长势中。栽后3～4年开始结果，6～7年进入盛果期；以短果枝结果为主，全树坐果，坐果力中，生理落果中，采前落果少，产量中，大小年不显著。萌芽期3月下旬，开花期4月中旬，果实采收期8月上旬，落叶期11月中旬。

📋 品种评价

较丰产，品质优，耐贫瘠，适应性较广。

植株

枝条

果实

叶片

果实

永吉紫叶李

Prunus salicina Lindl.'Yongjiziyeli'

調查編號： LITZSHW104

所属树种： 李 *Prunus salicina* Lindl.

提 供 人： 李利
电　　话： 13623462643
住　　址： 吉林省吉林市磐石市烟筒
山镇城南村

调 查 人： 宋宏伟
电　　话： 13843426693
单　　位： 吉林省农业科学院果树研
究所

调查地点： 吉林省吉林市磐石市烟筒
山镇城南村

地理数据： GPS数据（海拔：250m，
经度：E126°0′46.53″，纬度：N43°16′56.06″）

生境信息

来源于当地，地形为平地人工林，土壤为壤土，树龄为13年。

植物学信息

1. 植株情况

乔木，树势较弱，树姿较开展，树形圆头形；树高4～8m，冠幅东西4m、南北3.8m，干高1.4m；主干褐色，树皮快状裂，枝条密度中。

2. 植物学特性

1年生枝紫红色，无光泽，节间平均长1.67cm；皮孔凹陷，不规则形；叶片浅绿色；叶尖渐尖；叶基部宽楔形，叶边锯齿针状，齿尖无腺体，叶长4.5～6.1cm，宽2.1～4.0cm；叶柄长1.7～2.2cm，带红色；花色泽浓，花瓣长圆形，褶皱程度中；雄蕊粗度中，茸毛少，蜜盘褐黄色；萼片卵形，毛茸中，萼筒大小中。

3. 果实性状

果实卵圆形，平均果重40.7g；果皮底色为浅绿色，着彩色为紫红；缝合线较深，两侧不对称；果顶尖圆，顶洼浅，梗洼狭而浅；果梗粗，果皮厚度中等，蜡质层少，薄，剥皮困难；果肉乳黄色，近核处同肉色，果肉各部成熟度不一致；果肉质地致密，纤维中，汁液多，风味甜酸，香味中，品质上，核大，甜仁，半离核，核不裂；可溶性固形物含量11.4%，可溶性糖含量7.5%，酸含量1.1%，每百克果肉中含有维生素C5.1mg。

4. 生物学习性

萌芽力中，发枝力弱。栽后3～4年开始结果，6～7年进入盛果期；以短果枝结果为主，全树坐果，坐果力中，生理落果中，采前落果少，产量中，大小年不显著。萌芽期3月下旬，开花期4月中旬，果实采收期8月上旬，落叶期11月中旬。

品种评价

丰产，品质优，耐寒、耐瘠薄，适应性较广。

植株

花蕾

叶片

果实

果实

沙金沟李 3 号

Prunus salicina Lindl.'Shajingouli 3'

调查编号：LITZWAD100

所属树种：李 *Prunus salicina* Lindl.

提 供 人：牛大力
电　　话：15616235635
住　　址：辽宁省葫芦岛市南票区暖池塘镇沙金沟村

调 查 人：王爱德
电　　话：18204071798
单　　位：沈阳农业大学园艺学院

调查地点：辽宁省葫芦岛市南票区暖池塘镇沙金沟村

地理数据：GPS数据（海拔：115m，经度：E120°38'20"，纬度：N41°04'52"）

生境信息

来源于当地，生长于庭院中，土壤为砂壤土，树龄为11年。

植物学信息

1. 植株情况

乔木，树势中等，树姿直立，树形圆头形；树高3.9m，冠幅东西3.2m、南北2.9m；主干灰褐色，树皮块状裂，枝条密度中。

2. 植物学特性

1年生枝紫红色，无光泽，节间长1.7cm；皮孔数量中，不规则形；多年生枝条暗红褐色，叶片倒卵圆形，绿色，长4.5～6.5cm，宽2～4.4cm；叶尖渐尖；叶基部宽楔形，叶边锯齿针状，齿尖无腺体；叶柄长1.4～2.1cm，颜色带红色；花普通形，色泽浓，花瓣长圆形，褶皱程度中；雄蕊粗度中，茸毛少，蜜盘褐黄色；萼片卵形，毛茸中，萼筒大小中。

3. 果实性状

果实椭圆形，平均果重36.2g；果皮底色为黄白色，着彩色为紫红色；缝合线两侧不对称；果顶短圆，顶洼较浅，梗洼中广，深度浅，不皱；果梗粗，果皮厚度中，果肉浅绿色，近核处同肉色；果肉质地致密，韧，纤维中，汁液中，风味酸甜，香味中，品质下，果核小，不裂，离核；可溶性固形物含量11.3%，可溶性糖含量5.7%，酸含量1.6%，每百克果肉中含有维生素C5.0mg。

4. 生物学习性

萌芽力中，发枝力中，生长势中。以短果枝结果为主；树体上部坐果，坐果力中，生理落果中，采前落果中，产量低，大小年不显著。萌芽期3月下旬，开花期4月中旬，果实采收期8月上旬，落叶期11月中旬。

品种评价

产量不高，品质一般，较耐寒、耐旱，适应性广。

枝条

生境

房山大李

Prunus salicina Lindl.'Fangshandali'

调查编号：LITZLJS138

所属树种：李 *Prunus salicina* Lindl.

提 供 人：郑仲明
电　　话：13693616996
住　　址：北京市房山区林果科技服务中心

调 查 人：刘佳芩
电　　话：010－51503910
单　　位：北京市农林科学院农业综合发展研究所

调查地点：北京市房山区青龙湖镇北车营村

地理数据：GPS数据（海拔：184m，经度：E116°047.26″，纬度：N39°494.44″）

生境信息

来源于当地，地形为田间的平地，土壤为壤土，树龄为15年。

植物学信息

1. 植株情况

乔木，树姿半开张，树势中健，树形扁圆形；树高3.0m，冠幅东西3.5m、南北3.5m，干高70cm，干周55cm；主干褐色，树皮纵裂，枝条较密。

2. 植物学特性

1年生枝红褐色，有光泽，平均长76cm。叶片倒卵圆形，长8.0～9.5cm，宽3.2～3.3cm，叶边锯齿细钝，齿尖有腺体；叶柄长2.0～2.4cm，花2～3朵并生；花梗长1～2cm；萼筒钟状，萼片长圆卵形，长约5mm；花瓣5片，白色，长倒卵圆形；花冠直径1.5～2.2cm；雌蕊1枚，柱头盘状，花柱比雄蕊稍长。

3. 果实性状

果实心形，纵径5.35cm，横径5.53cm，侧径4.6cm；平均果重87g，最大果重108.9g；果皮底色为橙黄色，着彩色为暗红和紫红色；缝合线较深，两侧不对称；果顶尖圆；果肉橙黄色，汁液多，风味甜，香味浓，粘核，可溶性固形物含量12.6%；品质上。

4. 生物学习性

萌芽力强，发枝力弱，生长势强。2～3年开始结果，6年进入盛果期；坐果部位为树体中部，坐果力中，生理落果中，采前落果少，产量中，大小年不显著。4月上旬花芽萌动，4月下旬到5月上旬盛花期，花期7天左右。9月上旬果实成熟，落叶期11月上旬。

品种评价

丰产，抗寒性强，适应性较广。

植株

叶片

枝条

吉丰

Prunus salicina Lindl.'Jifeng'

调查编号： LITZSHW020

所属树种： 李 *Prunus salicina* Lindl.

提 供 人： 李德本
电　　话： 13676543296
住　　址： 吉林省吉林市龙潭区承德街道北甸子村

调 查 人： 宋宏伟
电　　话： 13843426693
单　　位： 吉林省农业科学院果树研究所

调查地点： 吉林省吉林市龙潭区承德街道北甸子村

地理数据： GPS数据（海拔：335m，经度：E126°34'45"，纬度：N43°55'19"）

生境信息

来源于当地，生长于坡地人工林，土壤为砂壤土，树龄为7年。

植物学信息

1. 植株情况

乔木，树势中等，树姿半开张，树形半圆形；树高3.9m，冠幅东西3.3m、南北3.2m，干高0.8m，干周29cm；主干褐色，树皮丝状裂，枝条密度中。

2. 植物学特性

1年生枝红褐色，有光泽，节间平均长1.69cm，平均粗0.8cm；叶片绿色，长卵圆形，长9.87cm，宽6.36cm；叶柄长1.16cm，绿色。花2～3朵并生；花梗长1～2cm；萼筒钟状，萼片长圆卵形，长约5mm；花瓣5片，白色，长倒卵圆形；花冠直径1.5～2.2cm；雌蕊1枚，柱头盘状，花柱比雄蕊稍长。

3. 果实性状

果实圆形，纵径4.83cm，横径5.05cm，侧径4.19cm；平均果重52.8g，最大果重62.7g；果皮底色为绿色，着彩色为紫红色；缝合线不显著，两侧对称；果顶短圆；果肉厚1.5cm，浅绿色，近核处同肉色；果肉松软，纤维中，汁液中，风味酸甜，香味淡，果核小，离核，核不裂；可溶性固形物含量14.3%；品质上。

4. 生物学习性

树势生长中庸，萌芽力强，发枝力中等。栽后2～3年开始结果，5～6年进入盛果期；长果枝结果能力强；全树坐果，坐果力弱，生理落果多，采前落果多，大小年不显著。萌芽期4月上旬，开花期4月下旬到或5月上旬，果实采收期8月下旬。

品种评价

较丰产，抗旱、抗寒力较强，适应性较广。

植株

果实

大伏李

Prunus salicina Lindl.'Dafuli'

🔲 调查编号：LITZWAD005

🔲 所属树种：李 *Prunus salicina* Lindl.

📄 提 供 人：王兴方
　电　　话：18625631386
　住　　址：辽宁省营口市鲅鱼圈区熊
　　　　　　岳镇望儿山村

📋 调 查 人：王爱德
　电　　话：18204071798
　单　　位：沈阳农业大学园艺学院

📍 调查地点：辽宁省营口市鲅鱼圈区熊
　　　　　　岳镇望儿山村

🌐 地理数据：GPS数据（海拔：29m，
　　　　　　经度：E122°09′38.22″，纬度：N40°10′58.94″）

🔖 生境信息

来源于外地，地形为坡地，土壤为壤土，树龄为9年。

📋 植物学信息

1. 植株情况

乔木，树势中庸，树姿直立，树形圆头形；主干灰色，树皮块状裂，枝条密度中。

2. 植物学特性

1年生枝紫红色，无光泽，长80.0cm左右，粗度较细，皮孔大小，平，椭圆形；叶片绿色，长卵圆形，中等大小，叶基部无褶缩，叶边锯齿锐状，叶尖渐尖；叶柄长，带红色；花2～3朵并生；花梗长1～2cm；萼筒钟状，萼片长圆卵形，长约5mm；花瓣5片，白色，长倒卵圆形；花冠直径1.5～2.2cm；雌蕊1枚，柱头盘状，花柱比雄蕊稍长。

3. 果实性状

果实椭圆形或近圆形，纵径3.8cm，横径3.6cm；平均果重32.6g，最大果重46.5g；果皮着彩色为紫红色；缝合线两侧不对称；果顶短圆，顶洼浅，梗洼浅、宽，深度中，不皱；果梗粗，果皮厚度中，无茸毛；蜡质层少，薄，剥皮困难；果肉乳黄色，近核处玫瑰红色；果肉质地松软，纤维多，细，汁液多，风味酸甜，香味中，核裂，离核；可溶性固形物含量10.2%；品质中。

4. 生物学习性

萌芽力强，发枝力强，生长势中。2～3年开始结果，5～6年进入盛果期；全树坐果，生理落果中，采前落果中，大小年不显著。4月上旬花芽萌动，5月上旬盛花期，花期7天；8月上旬果实成熟，果实发育期95天，11月上旬落叶。

📖 品种评价

优质，高产，抗寒性强，适应性较广。

花

果实

果实

植株

果实

长把红

Prunus salicina Lindl.'Changbahong'

调查编号：LITZLJS133

所属树种：李 *Prunus salicina* Lindl.

提 供 人：赵久贵
电　　话：13436863384
住　　址：北京市怀柔区渤海镇响水湖

调 查 人：刘佳芩
电　　话：010－51503910
单　　位：北京市农林科学院农业综
　　　　　合发展研究所

调查地点：北京市怀柔区渤海镇响水湖

地理数据：GPS数据（海拔：186m，
　　　　　经度：E116°27'20"，纬度：N40°27'20"）

生境信息

来源于当地，生长于平地人工林，土壤为砂壤土。树龄为24年。

植物学信息

1. 植株情况

乔木，树势健壮，树姿半开张，树形半圆形；树高4.2m，冠幅东西5.5m、南北6.8m；干高60cm，干周42cm；主干褐色，树皮丝状裂，枝条密度中。

2. 植物学特性

1年生枝红褐色，有光泽，节间平均长1.85cm，平均粗0.8cm；叶片阔披针形，长8.5cm，宽3.7cm；叶柄长1.21cm，本色；花2～3朵并生；花梗长1～2cm；萼筒钟状，萼片长圆卵形，长约5mm；花瓣5片，白色，长倒卵圆形；花冠直径1.5～2.2cm；雌蕊1枚，柱头盘状，花柱比雄蕊稍长。

3. 果实性状

果实扁圆形，纵径3.56cm，横径3.83cm，侧径2.51cm；平均果重26.5g，最大果重40.5g；果皮着鲜红色；缝合线不显著，两侧对称；果顶平圆；果肉厚0.8cm，橙黄色，近核处同肉色；果肉质地松软，纤维少，汁液多，风味酸甜，香味淡，果肉汁液多，果核小，粘核；可溶性固形物含量16.8%；品质上。

4. 生物学习性

树势健壮，中心主干生长弱，萌芽力高，发枝力中。2～3年开始结果，4～5年进入盛果期；以短果枝和花束状果枝结果为主；全树坐果，坐果力中，生理落果少，采前落果少，产量高，大小年不显著。萌芽期3月下旬，开花期4月上中旬，果实采收期7月中旬，落叶期11月下旬。

品种评价

丰产，优质，抗旱性强，适应性较广。

生境

叶片

花

玉皇李

Prunus salicina Lindl.'Yuhuangli'

调查编号：LITZLJS139

所属树种：李 *Prunus salicina* Lindl.

提 供 人：郑仲明
电　　话：13693616996
住　　址：北京市房山区林果科技服
　　　　　务中心

调 查 人：刘佳梦
电　　话：010－51503910
单　　位：北京市农林科学院农业综
　　　　　合发展研究所

调查地点：北京市房山区青龙湖镇北
　　　　　车营村

地理数据：GPS数据（海拔：184m，
　　　　　经度：E116°047.26"，纬度：N39°494.44"）

生境信息

来源于当地，地形为田间的平地，土壤为砂壤土，树龄为13年。

植物学信息

1. 植株情况

乔木，树势健壮，树姿半开张，树形近圆形；树高2.8m，冠幅东西3.2m、南北3.5m，干高44cm，干周49cm；主干灰褐色，树皮纵裂状，枝条密度中。

2. 植物学特性

1年生枝红褐色，有光泽；叶片倒卵圆形，长7.0～8.0cm，宽3.0～3.5cm，叶边锯齿细钝，齿尖有腺体。叶柄长1.0～1.5cm；花2～3朵并生；花梗长1～2cm；萼筒钟状，萼片长圆卵形，长约5mm；花瓣5片，白色，长倒卵圆形；花冠直径1.5～2.2cm；雌蕊1枚，柱头盘状，花柱比雄蕊稍长。

3. 果实性状

果实圆形，纵径3.95cm，横径4.02cm，侧径4.12cm；平均果重37.5g，最大果重42.5g；果皮底色为黄绿色，着彩色紫红色；缝合线浅、细，两侧对称；果顶平圆或尖圆；果肉厚1.2cm，近核处同肉色；果肉质地松软，纤维少，汁液多，风味酸甜，香味淡，果核小，离核；可溶性固形物含量13%；品质上。

4. 生物学习性

树势强健，发枝力强，萌芽力高。2～3年开始结果，4～5年进入盛果期；以短果枝和花束状果枝结果为主；全树坐果，坐果力弱，生理落果多，采前落果多，产量中，大小年不显著。萌芽期3月中旬，开花期4月中旬，果实采收期7月上旬，落叶期11月上旬。

品种评价

品质优良，较丰产，耐旱性强，适应性较广。

花

植株

北甸子
大黄干核

Prunus salicina Lindl.
'Beidianzidahuangganhe'

🔘 调查编号：LITZSHW015

🔖 所属树种：李 *Prunus salicina* Lindl.

📄 提 供 人：李德本
电　　话：13676543296
住　　址：吉林省吉林市龙潭区承德
街道北甸子村

📑 调 查 人：宋宏伟
电　　话：13843426693
单　　位：吉林省农业科学院果树研
究所

📍 调查地点：吉林省吉林市龙潭区承德
街道北甸子村

🌐 地理数据：GPS数据（海拔：335m，
经度：E126°34′45″，纬度：N43°55′19″）

生境信息

来源于当地，生长于坡地人工林，土壤为砂壤土，树龄为13年。

植物学信息

1. 植株情况

乔木，树势中等，树姿开张，树形半圆形；树高3.2m，冠幅东西2.7m、南北2.8m，干高0.8m，干周27cm；主干褐色，树皮丝状裂，枝条密度中。

2. 植物学特性

1年生枝黄褐色，有光泽，节间平均长1.81cm，平均粗0.8cm；叶片浅绿色，长9.68cm，宽4.36cm；叶柄长1.25cm，本色；花2～3朵并生；花梗长1～2cm；萼筒钟状，萼片长圆卵形，长约5mm；花瓣5片，白色，长倒卵圆形；花冠直径1.5～2.2cm；雌蕊1枚，柱头盘状，花柱比雄蕊稍长。

3. 果实性状

果实扁圆形，纵径2.97cm，横径3.13cm，侧径2.86cm；平均果重17.6g，最大果重19.8g；果皮橙黄色，缝合线不显著，两侧对称；果顶平圆或尖圆；果肉厚1.2cm，近核处同肉色；果肉质地松软，纤维少，汁液多，风味酸甜，香味淡，核小，离核，核不裂；可溶性固形物含量16.8%；品质中。

4. 生物学习性

树势健壮，萌芽力高，发枝力中，中心主干弱。4年开始结果，6年进入盛果期；全树坐果，坐果力弱，生理落果多，采前落果多，产量中，大小年不显著。萌芽期4月中旬，开花期5月上旬，果实采收期8月下旬，落叶期11月上旬。

品种评价

优质，较丰产，耐贫瘠，适应性较广。

植株

花蕾

花

庆中秋

Prunus salicina Lindl.'Qingzhongqiu'

调查编号： LITZSHW021

所属树种： 李 *Prunus salicina* Lindl.

提 供 人： 王志来
电　　话： 13123674587
住　　址： 吉林省磐石市宝山乡北锅盔村

调 查 人： 宋宏伟
电　　话： 13843426693
单　　位： 吉林省农业科学院果树研究所

调查地点： 吉林省磐石市宝山乡北锅盔村

地理数据： GPS数据（海拔： 369m，经度： E126°02'55"，纬度： N42°51'35"）

生境信息

来源于当地，生长于坡地人工林，土壤为砂壤土，树龄为11年。

植物学信息

1. 植株情况

乔木，树势中等，树姿开张，树形开心形；树高3.6m，冠幅东西2.7m、南北2.8m，干高0.8m，干周29cm；主干褐色，树皮丝状裂，枝条密度中。

2. 植物学特性

1年生枝红褐色，有光泽，节间平均长1.54cm，平均粗0.8cm。叶片长卵圆形，长9.74cm，宽4.82cm；叶柄长1.16cm；花2～3朵并生；花梗长1～2cm；萼筒钟状，萼片长圆卵形，长约5mm；花瓣5片，白色，长倒卵圆形；花冠直径1.5～2.2cm；雌蕊1枚，柱头盘状，花柱比雄蕊稍长。

3. 果实性状

果实近圆形，纵径5.12cm，横径5.27cm，侧径4.98cm；平均果重62.4g，最大果重82.6g；果皮底色为浅绿色，着彩色紫红色；缝合线浅、细，两侧对称；果顶平圆；果肉厚1.3cm，橙黄色，近核处同肉色；果肉质地松软，纤维少，汁液多，风味酸甜，香味淡，核中小，离核，核不裂；可溶性固形物含量12.4%；品质上。

4. 生物学习性

萌芽力高，发枝力中。4年开始结果，6年进入盛果期；以短果枝和花束状果枝结果为主；全树坐果，坐果力弱，生理落果多，采前落果多，产量中等，大小年不显著。萌芽期4月中旬，开花期5月上旬，果实采收期8月下旬，落叶期11月上旬。

品种评价

较高产，抗旱，耐贫瘠，适应性较广。

生境

花

花蕾

果实

七月香

Prunus salicina Lindl.'Qiyuexiang'

调查编号：LITZWAD006

所属树种：李 *Prunus salicina* Lindl.

提 供 人：牛大力
电　　话：15616235635
住　　址：辽宁省葫芦岛市南票区暖
　　　　　池塘镇沙金沟村

调 查 人：王爱德
电　　话：18204071798
单　　位：沈阳农业大学园艺学院

调查地点：辽宁省葫芦岛市南票区暖
　　　　　池塘镇沙金沟村

地理数据：GPS数据（海拔：115m，
　　　　　经度：E120°38'22"，纬度：N41°04'52"）

生境信息

来源于当地，生长于田间的平地人工林，土壤为壤土，树龄为12年。

植物学信息

1. 植株情况

乔木，树势中庸，树姿半开张，树形圆锥形；树高4.2m，冠幅东西3.8m、南北3.7m；主干灰褐色，树皮块状裂，枝条密度中。

2. 植物学特性

1年生枝紫红色，无光泽，长度中等，皮孔明显，分布较密，不规则形；叶片长倒卵圆形，大小中等，基部楔形，叶尖渐尖，叶边锯齿锐状，齿尖无腺体；叶柄短，细，带红色；花普通形，色泽浓，花瓣椭圆形，褶皱少；雄蕊茸毛少，蜜盘黄色；萼片卵形，毛茸少，萼筒大小中等。

3. 果实性状

果实尖圆形或椭圆形，大小中等，平均果重51.9g；果皮底色为浅绿色，着彩色为紫红色；缝合线两侧对称；果顶乳头状；梗洼狭，深度中等，皱；果梗粗，果皮厚度中，蜡质层少，剥皮容易；果肉红色，各部分成熟度一致，果肉质地松软，脆，纤维中，细，汁液多，风味甜酸，香味浓，核大，核裂，离核；可溶性固形物含量13.7%，可溶性糖含量7.0%，酸含量1.8%；每百克果肉中含有维生素C4.9mg；品质上。

4. 生物学习性

萌芽力高，发枝力中，中心主干弱，生长势中庸。树体中部坐果，坐果力中，生理落果中，采前落果少，丰产，大小年显著。萌芽期4月上旬，开花期5月上旬，果实采收期8月下旬，落叶期11月。

品种评价

优质，高产，抗旱、抗病性强，适应性较广。

生境

果实

枝条

叶片

果实

果实

空心李

Prunus salicina Lindl.'Kongxinli'

调查编号：LITZWAD011

所属树种：李 *Prunus salicina* Lindl.

提供人：章秋平
电　话：13941786260
住　址：辽宁省营口市鲅鱼圈区熊岳镇

调查人：王爱德
电　话：18204071798
单　位：沈阳农业大学园艺学院

调查地点：辽宁省营口市鲅鱼圈区熊岳镇

地理数据：GPS数据（海拔：11m，经度：E122°07'21"，纬度：N40°12'17"）

生境信息

来源于当地，生长于田间的平地，土壤为砂壤土，树龄为20年。

植物学信息

1. 植株情况

乔木，树势中等，树姿半开张，树形扁圆形；树高4.5m，冠幅东西4.9m、南北4.8m，干高1.1m，干周54cm；主干褐色，树皮块状裂，枝条密。

2. 植物学特性

1年生枝紫红色，有光泽，长度中；皮孔大小中，椭圆形；叶片长倒卵圆形，长9.0~9.5cm，宽3.3~4.3cm，基部楔形或阔楔形，叶边锯齿圆钝，齿尖有腺体，尖端渐尖；叶柄长1.2~1.5cm，带红色；花芽大小中等，顶端钝尖形，着生角度中等，茸毛中；花色泽浓，花瓣菱形，褶皱中；雄蕊茸毛中，蜜盘褐黄色，萼片卵形，毛茸中，萼筒中。

3. 果实性状

果实椭圆形，纵径4.1cm，横径3.8cm，侧径3.8cm；平均果重40g，最大果重60g；果皮底色为橙黄色，着彩色为暗红与紫红，部分有条，缝合线两侧不对称，果顶平齐，顶洼浅，梗洼宽，果梗粗，果皮厚，茸毛中，蜡质层厚；果肉橙黄色，近核处同肉色，质地松软，纤维少，汁液多，风味甜，香味浓，核不裂，粘核；可溶性固形物含量12%，酸含量1.1%；每百克果肉中含有维生素C3.1mg；品质中上。

4. 生物学习性

萌芽力中，发枝力低，生长势中，骨干枝分枝开张。开始结果年龄3~4年，进入盛果期年龄6~8年；中果枝10%，短果枝80%，腋花芽结果10%；全树坐果，坐果力中，生理落果少，采前落果少，产量中等，大小年不显著。萌芽期3月下上旬，开花期3月中下旬，果实采收期7月中旬，落叶期11月下旬。

品种评价

产量中等，较抗旱，适应性较广。

植株

花蕾

枝条

结果状

白庄小核李

Prunus salicina Lindl.'Baizhuangxiaoheli'

调查编号： LITZWAD012

所属树种： 李 *Prunus salicina* Lindl.

提 供 人： 张红春
电　　话： 13413263283
住　　址： 河北省秦皇岛市昌黎县安山镇白庄村

调 查 人： 王爱德
电　　话： 18204071798
单　　位： 沈阳农业大学园艺学院

调查地点： 河北省秦皇岛市昌黎县安山镇白庄村

地理数据： GPS数据（海拔：369m，经度：E119°09.17″，纬度：N39°41′57.35″）

生境信息

来源于当地，生长于平地人工林，土壤为壤土，树龄为20年。

植物学信息

1. 植株情况

乔木，树势中等，树姿直立，树形为圆头形；树高4.3m，冠幅东西4.1m、南北4.2m；主干灰褐色，树皮纵状裂，枝条密度中。

2. 植物学特性

1年生枝红褐色，光滑无毛，平均长68cm，节间长1.4cm；叶片大，长倒卵圆形，长10～10.5cm，宽3.5～3.6cm，叶柄长1.5～1.8cm，浅绿色，叶基部楔形或阔楔形，尖端渐尖，叶边锯齿针状；花2～3朵并生；花梗长1～2cm；萼筒钟状，萼片长圆卵形，长约5mm；花瓣5片，白色，长倒卵圆形；花冠直径1.5～2.2cm；雌蕊1枚，柱头盘状，花柱比雄蕊稍长。

3. 果实性状

果实椭圆形，纵径3.97cm，横径3.91cm，侧径3.85cm，平均果重39.4g，最大果经71cm；果皮浅绿色，着彩色为紫红色；缝合线极深，两侧对称，果顶平齐；梗洼深度中，果梗粗；果皮厚，茸毛少，剥皮容易；果肉乳黄色，各部分成熟度不一致，果肉质地松软，纤维少，汁液多，风味甜酸，甜仁，离核；可溶性固形物含量10.7%，可溶性糖含量6.9%，酸含量1.8%，每百克果肉中含有维生素C6.0mg；品质中。

4. 生物学习性

生长势中庸，萌芽力高，发枝力中，中心主干生长强度中等。2～3年开始结果，5～6年进入盛果期；以花束状果枝和短果枝结果为主；全树坐果，坐果力中，生理落果中，采前落果少，产量中，大小年不显著。萌芽期3月中旬，开花期4月下旬，花期7天，果实采收期7月下旬，落叶期11月。

品种评价

优质，高产，抗病，适应性较广。

樹幹　　　　　　　　　　　　植株

沙金沟李 1 号

Prunus salicina Lindl.'Shajingouli 1'

◎ 调查编号：LITZWAD102

▤ 所属树种：李 *Prunus salicina* Lindl.

▤ 提 供 人：牛大力
电　　话：15616235635
住　　址：辽宁省葫芦岛市南票区暖
池塘镇沙金沟村

▤ 调 查 人：王爱德
电　　话：18204071798
单　　位：沈阳农业大学园艺学院

◉ 调查地点：辽宁省葫芦岛市南票区暖
池塘镇沙金沟村

🌐 地理数据：GPS数据（海拔：115m，
经度：E120°38'14"，纬度：N41°04'52"）

📋 生境信息

来源于当地，生长于田间的平地人工林，土壤为壤土，树龄为23年。

📑 植物学信息

1. 植株情况

乔木，树势强健，树姿直立，树形圆锥形；树高4.6cm，冠幅东西4.4m、南北4.2m，干周50cm；主干灰褐色，树皮块状裂，枝条密度中。

2. 植物学特性

1年生枝紫红色，长59cm，短粗，皮孔小，椭圆形；叶片长倒卵圆形，长9.0～10.0cm，宽3.5～4.0cm，叶柄长1.5～1.8cm，浅绿色，基部楔形或阔楔形，尖端渐尖，叶边锯齿针状；花2～3朵并生；花梗长1～2cm；萼筒钟状，萼片长圆卵形，长约5mm；花瓣5片，白色，长倒卵圆形，褶皱中；花冠直径1.5～2.2cm；雌蕊1枚，柱头盘状，雄蕊茸毛中，蜜盘黄色，花柱比雄蕊稍长。

3. 果实性状

果实卵圆形，纵径3.87cm，横径4.21cm，侧径4.15cm，平均果重24.6g，最大果重31.6g；果皮底色为黄绿色，着彩色为紫红色，部分有条；缝合线两侧不对称；果顶乳头状，梗洼中深、中广，不皱；果梗粗，果皮厚度薄，茸毛少，蜡质层少，剥皮容易；果肉乳黄色，质地松软，脆，纤维少，汁液多，风味甜酸，香味中，离核；可溶性固形物含量12.6%，可溶性糖含量6.5%，酸含量1.2%，每百克果肉中含有维生素C2.6mg；品质中。

4. 生物学习性

生长势中庸，萌芽力高，发枝力中，中心主干生长强度中等。2～3年开始结果，5～6年进入盛果期；以花束状果枝和短果枝结果为主；全树坐果，坐果力中，生理落果中，采前落果少，产量中，大小年不显著。萌芽期4月上旬，开花期4月下旬，花期8天，果实采收期8月下旬，果实发育期105天，落叶期11月。

📖 品种评价

品质中等，较丰产，耐寒性强，适应性较广。

枝条

植株

涧头串李

Prunus salicina Lindl.'Jiantouchuanli'

调查编号：LITZLJS134

所属树种：李 *Prunus salicina* Lindl.

提 供 人：李雪红
电　　话：13521495495
住　　址：北京市昌平区科学委员会

调 查 人：刘佳芩
电　　话：010-51503910
单　　位：北京市农林科学院农业综
合发展研究所

调查地点：北京市昌平区十三陵镇涧
头村

地理数据：GPS数据（海拔：91m，
经度：E116°12'17.97"，纬度：N40°14'33.49"）

生境信息

来源于当地，生长于田间的平地，土壤为壤土。树龄为8年。

植物学信息

1. 植株情况

乔木，树势中等，树姿半开张，树形半圆形；树高3.2m，冠幅东西3.7m、南北3.8m，干高57cm，干周26cm；主干褐色，树皮丝状裂，枝条密度中。

2. 植物学特性

1年生枝红褐色，光滑无毛，有光泽，节间平均长1.65cm，平均粗0.7cm；叶片长卵圆形，长9.73cm，宽4.26cm，浅绿色，基部楔形或阔楔形，尖端渐尖，叶边锯齿针状；叶柄长1.21cm，本色；花2~3朵并生；花梗长1~2cm；萼筒钟状，萼片长圆卵形，长约5mm；花瓣5片，白色，长倒卵圆形，褶皱中；花冠直径1.5~2.2cm；雌蕊1枚，柱头盘状，雄蕊茸毛中，蜜盘黄色，花柱比雄蕊稍长。

3. 果实性状

果实椭圆形，纵径2.8cm，横径2.5cm，侧径2.4cm，平均果重15.5g，最大果重25g；果皮底色为绿黄色，着彩色为紫红色；缝合线宽浅，两侧对称；果顶尖圆，顶洼不明显；果肉厚0.85cm，橙黄色，近核处同肉色；果肉质地松软，纤维少，汁液多，风味酸甜，香味淡，核小，粘核，核不裂；可溶性固形物含量14%；品质中上。

4. 生物学习性

生长势中庸，萌芽力中，发枝力中，中心主干生长强度中等。2~3年开始结果，5~6年进入盛果期；以花束状果枝和短果枝结果为主；全树坐果；坐果力中；生理落果中；采前落果少；产量中；大小年不显著。萌芽期4月上旬，开花期5月上旬，花期8天，果实采收期8月上旬，果实发育期95天，落叶期11月。

品种评价

品质中等，较高产，抗旱、耐寒，易得果实病害，适应性较广。

植株

花

春光早黄

Prunus salicina Lindl.'Chunguangzaohuang'

调查编号：LITZSHW010

所属树种：李 *Prunus salicina* Lindl.

提供人：李德本
电　话：13676543296
住　址：吉林省吉林市龙潭区承德
　　　　街道北甸子村

调查人：宋宏伟
电　话：13843426693
单　位：吉林省农业科学院果树研
　　　　究所

调查地点：吉林省吉林市船营区越北
　　　　　镇阎家岭村

地理数据：GPS数据（海拔：202m，
经度：E126°26'58.35"，纬度：N43°51'18.53"）

生境信息

来源于当地，生长于坡地人工林，土壤为砂壤土，树龄为10年。

植物学信息

1. 植株情况

乔木，树势中等，树姿开张，树形半圆形；树高2.8m，冠幅东西2.4m、南北2.5m，干高0.8m，干周22cm；主干褐色，树皮丝状裂，枝条密度中。

2. 植物学特性

1年生枝黄褐色，有光泽，长度中等，节间平均长1.84cm，平均粗0.7cm；叶片长卵圆形，长9.73cm，宽4.28cm，叶基部楔形或阔楔形，尖端渐尖，叶边锯齿针状；叶柄长1.21cm，本色；花2~3朵并生；花梗长1~2cm；萼筒钟状，萼片长圆卵形，长约5mm；花瓣5片，白色，长倒卵圆形，褶皱中；花冠直径1.5~2.2cm；雌蕊1枚，柱头盘状，雄蕊茸毛中，蜜盘黄色，花柱比雄蕊稍长。

3. 果实性状

果实椭圆形，纵径3.1cm，横径2.81cm，侧径2.68cm；平均果重11.9g，最大果重13.1g；果皮橙黄色；缝合线浅、细，两侧对称；果顶尖圆，顶洼浅；果肉厚0.81cm，橙黄色，近核处同肉色；果肉质地松软，纤维少，汁液多，风味酸甜，香味淡，核小，离核，核不裂；可溶性固形物含量16.7%；品质中。

4. 生物学习性

生长势中庸，萌芽力中，发枝力中，中心主干生长强度中等。3~4年开始结果，6~7年进入盛果期；以花束状果枝和短果枝结果为主；全树坐果，坐果力弱，生理落果中，采前落果多，产量中，大小年不显著。萌芽期4月上旬，开花期5月上旬，花期8天，果实采收期8月下旬，果实发育期105天，落叶期11月。

品种评价

产量中等，较抗旱，适应性较广。

植株

叶片

果实

芽

果实

苦黄干核

Prunus salicina Lindl.'Kuhuangganhe'

调查编号: LITZSHW016

所属树种: 李 *Prunus salicina* Lindl.

提供人: 李德本
电　话: 13676543296
住　址: 吉林省吉林市龙潭区承德街道北甸子村

调查人: 宋宏伟
电　话: 13843426693
单　位: 吉林省农业科学院果树研究所

调查地点: 吉林省吉林市龙潭区承德街道北甸子村

地理数据: GPS数据（海拔: 335m，经度: E126°34'45"，纬度: N43°51'19"）

生境信息

来源于当地，生长于坡地人工林，土壤为砂壤土，树龄为10年。

植物学信息

1. 植株情况

乔木，树势中等，树姿开张，树形半圆形；树高3.8m，冠幅东西2.3m、南北2.4m，干高0.8m，干周25cm；主干褐色，树皮丝状裂，枝条密度中。

2. 植物学特性

1年生枝黄褐色，有光泽，长度中，节间平均长1.79cm，平均粗0.8cm；叶片长卵圆形，长9.68cm，宽4.36cm，叶基部楔形或阔楔形，尖端渐尖，叶边锯齿针状；叶柄长1.11cm，本色；花2~3朵并生；花梗长1~2cm；萼筒钟状，萼片长圆卵形，长约5mm；花瓣5片，白色，长倒卵圆形，褶皱中；花冠直径1.5~2.2cm；雌蕊1枚，柱头盘状，雄蕊茸毛中，蜜盘黄色，花柱比雄蕊稍长。

3. 果实性状

果实椭圆形，纵径3.2cm，横径2.84cm，侧径2.73cm；平均果重12.3g，最大果重15.2g；果皮绿黄色；缝合线深、狭，两侧不对称；果顶尖圆，顶洼不明显；果肉厚0.7cm，橙黄色，近核处同肉色；果肉质地松软，纤维少，汁液多，风味微苦，香味淡，核小，离核，核不裂；可溶性固形物含量16.8%；品质中。

4. 生物学习性

生长势健壮，萌芽力中，发枝力中，中心主干生长强度中等。3~4年开始结果，6~7年进入盛果期；以花束状果枝和短果枝结果为主；全树坐果，坐果力弱，生理落果中，采前落果多，产量中，大小年不显著。萌芽期4月上旬，开花期5月上旬，花期7~8天，果实采收期8月下旬，果实发育期105天左右，落叶期11月。

品种评价

高产，品质中等，抗旱力强，适应性较广。

花

叶片

果实

果实

贡李

Prunus salicina Lindl. 'Gongli'

- 调查编号: LITZSHW022

- 所属树种: 李 *Prunus salicina* Lindl.

- 提 供 人: 王志来
  电　　话: 13123674587
  住　　址: 吉林省磐石市宝山乡北锅盔村

- 调 查 人: 宋宏伟
  电　　话: 13843426693
  单　　位: 吉林省农业科学院果树研究所

- 调查地点: 吉林省磐石市宝山乡北锅盔村

- 地理数据: GPS数据（海拔: 369m，经度: E126°02'55"，纬度: N42°51'35"）

生境信息

来源于当地，生长于坡地人工林，土壤为砂壤土，树龄为12年。

植物学信息

1. 植株情况

乔木，树势中等，树姿开张，树形半圆形；树高3.9m，冠幅东西3.2m、南北3.3m，干高0.8m，干周23cm；主干褐色，树皮丝状裂，枝条密度中。

2. 植物学特性

1年生枝红褐色，有光泽，长度中，节间平均长1.65cm，平均粗0.8cm；叶片长9.86cm，宽5.79cm，长卵圆形，叶基部楔形或阔楔形，尖端渐尖，叶边锯齿针状；叶柄长1.14cm，本色；花2~3朵并生；花梗长1~2cm；萼筒钟状，萼片长圆卵形，长约5mm；花瓣5片，白色，长倒卵圆形，褶皱中；花冠直径1.5~2.2cm；雌蕊1枚，柱头盘状，雄蕊茸毛中，蜜盘黄色，花柱比雄蕊稍长。

3. 果实性状

果实圆形或椭圆形，纵径4.83cm，横径4.7cm，侧径4.72cm；平均果重56.7g，最大果重73.8g；果皮底色为橙黄色，着彩色为玫瑰红色；缝合线不显著，两侧对称；果顶平齐，顶洼浅、广；果肉厚1.1cm，橙黄色，近核处同肉色；果肉质地松软，纤维少，汁液中，风味甜酸，香味中，核小，离核，核不裂，可溶性固形物含量13.7%；品质上。

4. 生物学习性

生长势健壮，萌芽力中，发枝力中，枝条生长角度较开张。3~4年开始结果，6~7年进入盛果期；以花束状果枝和短果枝结果为主；全树坐果，坐果力弱，生理落果中，采前落果多，产量中，大小年不显著。萌芽期4月上旬，开花期4月下旬，花期7~8天，果实采收期8月中旬，果实发育期95天左右，落叶期11月。

品种评价

较高产，耐贫瘠，适应性较广。

花

叶片

芽

芽

枣型李

Prunus salicina Lindl.'Zaoxingli'

调查编号： LITZSHW028

所属树种： 李 *Prunus salicina* Lindl.

提 供 人： 王志来
电　　话： 13123674587
住　　址： 吉林省磐石市宝山乡北锅
　　　　　盔村

调 查 人： 宋宏伟
电　　话： 13843426693
单　　位： 吉林省农业科学院果树研
　　　　　究所

调查地点： 吉林省磐石市宝山乡北锅
　　　　　盔村

地理数据： GPS数据（海拔：369m，
　　　　　经度：E126°02'55"，纬度：N42°51'35"）

生境信息

来源于当地，生长于坡地人工林，土壤为砂壤土，树龄为12年。

植物学信息

1. 植株情况

乔木，树势中等，树形半圆形；树高4.2m，冠幅东西3.4m、南北3.4m，干高0.8m，干周36cm；主干褐色，树皮丝状裂，枝条密度中。

2. 植物学特性

1年生枝红褐色，有光泽，节间平均长1.68cm，平均粗0.9cm；叶片长9.86cm，宽5.79cm，长卵圆形，叶基部楔形或阔楔形，尖端渐尖，叶边锯齿针状；叶柄长1.06cm，本色；花2～3朵并生；花梗长1～2cm；萼筒钟状，萼片长圆卵形，长约5mm；花瓣5片，白色，长倒卵圆形，褶皱中；花冠直径1.5～2.2cm；雌蕊1枚，柱头盘状，雄蕊茸毛中，蜜盘黄色，花柱比雄蕊稍长。

3. 果实性状

果实椭圆形，如枣状，故名枣型李；果实纵径3.23cm，横径2.76cm，侧径2.68cm；平均果重18.6g，最大果重22.3g；果皮底色为浅绿色，着彩色为玫瑰红色；缝合线不显著，两侧对称；果顶尖圆；果肉厚0.5cm，橙黄色，近核处同肉色；果肉质地松软，纤维少，汁液少，风味酸甜，香味无，核小，离核，核不裂；可溶性固形物含量16.7%；品质中。

4. 生物学习性

生长势健壮，萌芽力中，发枝力中，中心主干生长强。3～4年开始结果，6～7年进入盛果期；以花束状果枝和短果枝结果为主；全树坐果，坐果力弱，生理落果多，采前落果多，产量较低，大小年显著。萌芽期4月上旬，开花期4月下旬，花期7～8天，果实采收期8月下旬，果实发育期105天左右，落叶期11月。

品种评价

产量较低，品质中等，抗旱抗寒性一般。

植株

叶片

花

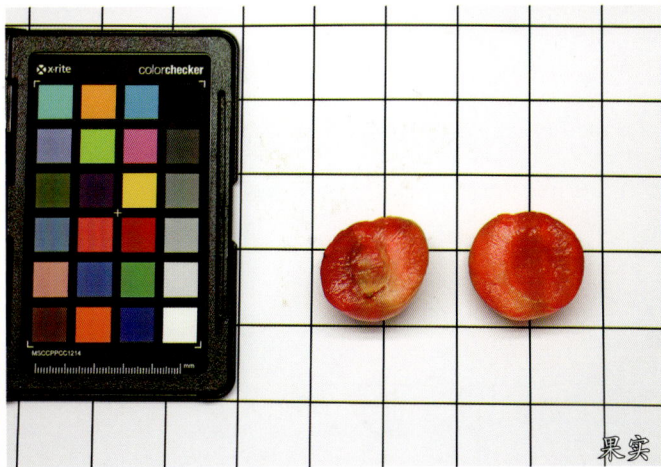
果实

果实

金州黄李

Prunus salicina Lindl.'Jinzhouhuangli'

調查编号： LITZWAD007

所属树种： 李 *Prunus salicina* Lindl.

提 供 人： 赵光亮
电　　话： 18983215268
住　　址： 辽宁省大连市金州区国营
　　　　　农场

调 查 人： 王爱德
电　　话： 18204071798
单　　位： 沈阳农业大学园艺学院

调查地点： 辽宁省大连市金州区国营
　　　　　农场

地理数据： GPS数据（海拔：56m，
　　　　　经度：E121°39'42"，纬度：N39°20'23"）

生境信息

来源于当地，生长于田间的平地，土壤为壤土，树龄为28年。

植物学信息

1. 植株情况

乔木，树势中健，树姿直立，树形圆锥形；树高3.2m，冠幅东西4.2m、南北4.1m，主干高76cm，灰褐色；树皮块状裂，枝条密度中。

2. 植物学特性

1年生枝紫红色，无光泽，长度中，皮孔大小中，略凹，不规则形；叶片长卵圆形，浅绿色，基部楔形，尖端渐尖，叶边锯齿圆钝，齿尖有腺体；叶柄粗细中，带红色；花普通形，色泽浓，花瓣圆形，褶皱中；雄蕊粗度中，茸毛少，蜜盘黄色；萼片卵形，毛茸少，萼筒中。

3. 果实性状

果实近圆形，中大，纵径4.94cm，横径4.08cm，侧径4.13cm，平均果重42.5g，最大果重60g；果皮底色为黄绿，着彩色为橙黄色；缝合线两侧不对称；果顶洼陷，顶洼深度中，梗洼深而广；果皮厚度中，茸毛中；果肉黄色，质地松脆，纤维少而细，汁液多，风味甜酸，香味浓；核中，离核，不裂；可溶性固形物含量11.4%，可溶性糖含量6.9%，酸含量1.0%，每百克果肉中含有维生素C5.0mg；品质上。

4. 生物学习性

树势较强，树姿较直立，萌芽力高，发枝力中，中心主干较强。3~4年开始结果，6~7年进入盛果期；以花束状果枝和短果枝结果为主；全树坐果，坐果力弱，生理落果多，采前落果多，产量较高，大小年显著。萌芽期4月上旬，开花期4月下旬，花期7~8天，果实采收期8月上旬，落叶期11月。

品种评价

品质优良，产量较高，抗寒性强，适应性较广。

枝条   植株

沙金沟秋李

Prunus salicina Lindl.'Shajingouqiuli'

- 调查编号：LITZWAD013

- 所属树种：李 *Prunus salicina* Lindl.

- 提 供 人：牛大力
  电　　话：15616235635
  住　　址：辽宁省葫芦岛市南票区暖池塘镇沙金沟村

- 调 查 人：王爱德
  电　　话：18204071798
  单　　位：沈阳农业大学园艺学院

- 调查地点：辽宁省葫芦岛市南票区暖池塘镇沙金沟村

- 地理数据：GPS数据（海拔：115m，经度：E120°38'14"，纬度：N41°04'52"）

生境信息

来源于当地，生长于田间的平地，土壤为黏壤土，树龄为26年。

植物学信息

1. 植株情况

乔木，树势中等，树姿半开张，树形半圆形；树高3.5m，冠幅东西3.6m、南北3.7m，主干高80cm，灰褐色；树皮块状裂，枝条密度中。

2. 植物学特性

1年生枝紫红色，无光泽，长度中，粗度细，皮孔较小，数量较密，平，不规则形；叶片长卵圆形，绿色，长9.8cm，宽3.7cm，大小中，叶尖渐尖，基部楔形，无皱，叶边锯齿锐状，齿尖无腺体；叶柄粗细中，带红色；花普通形，色泽浓，花瓣菱形，褶皱中；雄蕊茸毛少，蜜盘黄绿色；萼片圆形，毛茸中，萼筒小。

3. 果实性状

果实椭圆形，平均果重36.9g；果皮底色为浅绿色，着彩色为紫红色；缝合线浅、细，两侧不对称；果顶尖圆，顶洼不明显，梗洼宽度中，不皱；果梗短，果皮厚，茸毛少；蜡质层厚，剥皮困难；果肉乳黄色，质地松软，脆，纤维中，粗，汁液多，风味酸甜，香味无，品质上；核不裂，粘核；可溶性固形物含量13.3%，可溶性糖含量6.7%，酸含量1.1%，每百克果肉中含有维生素C6.0mg。

4. 生物学习性

中心主干弱，骨干枝生长势强。徒长枝少，萌芽力弱，发枝力中，生长势中。开始结果年龄2～3年，盛果期年龄4～5年；树体上部坐果，坐果力中，以花束状果枝和短果枝结果为主，生理落果中，采前落果中，产量中，大小年不显著。

叶期11月下旬。

品种评价

优质，丰产，耐盐碱；适应性较广。

植株

花

花

北京小核李

Prunus salicina Lindl.'Beijingxiaoheli'

调查编号：LITZLJS135

所属树种：李 *Prunus salicina* Lindl.

提 供 人：王占国
电　　话：15801623250
住　　址：北京市平谷区王辛庄镇北辛庄村

调 查 人：刘佳琴
电　　话：010-51503910
单　　位：北京市农林科学院农业综合发展研究所

调查地点：北京市平谷区王辛庄镇北辛庄村

地理数据：GPS数据（海拔：47m，经度：E117°02'19.37"，纬度：N40°12'41.84"）

生境信息

来源于当地，生长于田间的平地，土壤为砂壤土，树龄为6年。

植物学信息

1. 植株情况

乔木，树势中等，树姿半开张，树形半圆形；树高3.1m，冠幅东西2.9m、南北2.8m，干高80cm，干周27cm；主干褐色，树皮块状裂，枝条密。

2. 植物学特性

1年生枝紫红色，有光泽，长60~80cm；皮孔较大，密度稀，平，椭圆形；叶片倒卵圆形，长9.0~9.5cm，宽3.3~4.3cm，叶边锯齿圆钝，齿尖有腺体，尖端渐尖，叶基楔形；叶柄长1.2~1.5cm，带红色；花普通形，色泽浓，花瓣菱形，褶皱中；雄蕊茸毛中，蜜盘褐黄色，萼片卵形，毛茸中，萼筒中。

3. 果实性状

果实扁椭圆形，纵径4.3cm，横径4cm，侧径3.8cm；平均果重40g，最大果重70g；果皮底色为黄绿色，着彩色为暗红与紫红色，缝合线宽，两侧不对称，果顶尖圆，顶洼浅或无，梗洼宽，果梗粗，果皮厚，茸毛中，蜡质层厚；果肉橙黄色，近核处同肉色；果肉质地松软，纤维少，汁液多，风味甜，香味浓，核不裂，粘核；可溶性固形物含量12%，酸含量1.1%，每百克果肉中含有维生素C3.1mg；品质中上。

4. 生物学习性

萌芽力中，发枝力低，新梢生长量大。开始结果年龄2~3年，进入盛果期年龄6~8年；中果枝10%，短果枝80%，腋花芽结果10%；全树坐果，坐果力中；生理落果少；采前落果少；产量中等，大小年不显著。萌芽期3月下旬，开花期4月下旬，果实采收期7月中旬，落叶期11月下旬。

品种评价

产量中等，较抗旱，适应性较广。

植株

叶片

花

果实

果实

北甸子红干核

Prunus salicina Lindl.'Beidianzihongganhe'

调查编号：LITZSHW017

所属树种：李 *Prunus salicina* Lindl.

提 供 人：李德本
电　　话：13676543296
住　　址：吉林省吉林市龙潭区承德
　　　　　街道北甸子村

调 查 人：宋宏伟
电　　话：13843426693
单　　位：吉林省农业科学院果树研
　　　　　究所

调查地点：吉林省吉林市龙潭区承德
　　　　　街道北甸子村

地理数据：GPS数据（海拔：335m，
　　　　　经度：E126°34'45"，纬度：N43°55'19"）

生境信息

来源于当地，生长于坡地人工林，土壤为砂壤土，树龄为6年。

植物学信息

1. 植株情况

乔木，树姿开张，树形乱头形；树高3.4m，冠幅东西2.7m、南北2.8m，干高0.8m，干周24cm；主干褐色，树皮丝状裂，枝条密度中。

2. 植物学特性

1年生枝红褐色，有光泽，节间平均长1.75cm，平均粗0.8cm；叶片长9.83cm，宽4.32cm，长卵圆形，基部楔形，尖端渐尖，叶边锯齿圆钝，齿尖有腺体；叶柄长1.16cm，本色；花2~3朵并生；花梗长1~2cm；萼筒钟状，萼片长圆卵形，长约5mm；花瓣5片，白色，长倒卵圆形；花冠直径1.5~2.2cm；雌蕊1枚，柱头盘状，蜜盘褐黄色，花柱比雄蕊稍长。

3. 果实性状

果实近圆形，纵径3.12cm，横径3.15cm，侧径2.89cm；平均果重17.8g，最大果重22.6g；果皮底色为黄绿色，着彩色玫瑰红色；缝合线浅、细，两侧对称；果顶平圆；果肉厚1.3cm，橙黄色，近核处同肉色；果肉质地松软，纤维少，汁液多，风味酸甜，香味淡，品质上，核小，离核，核不裂；可溶性固形物含量12.4%。

4. 生物学习性

萌芽力高，发枝力高，中心主干弱，树势中庸。栽后4年开始结果，6~8年进入盛果期，以短果枝和花束状果枝结果为主；全树坐果，坐果力弱，生理落果多，采前落果少，丰产，大小年不显著。萌芽期3月中旬，开花期4月下旬，果实采收期7月下旬，落叶期11月。

品种评价

高产，抗旱、抗寒性强，适应性较广。

枝条

植株

早甘甜

Prunus salicina Lindl.'Zaogantian'

調查編号：LITZSHW023

所属树种：李 *Prunus salicina* Lindl.

提 供 人：王志来
电　　话：13123674587
住　　址：吉林省磐石市宝山乡北锅盔村

调 查 人：宋宏伟
电　　话：13843426693
单　　位：吉林省农业科学院果树研究所

调查地点：吉林省磐石市宝山乡北锅盔村

地理数据：GPS数据（海拔：369m，经度：E126°02'55"，纬度：N42°51'35"）

生境信息

来源于当地，生长于坡地人工林，土壤为砂壤土，树龄为6年。

植物学信息

1. 植株情况

乔木，树势中等，树姿半开张，树形半圆形；树高3.0m，冠幅东西2.9m、南北3.1m，干高0.8m，干周22cm；主干褐色，树皮丝状裂，枝条密度中。

2. 植物学特性

1年生枝红褐色，有光泽，节间平均长1.69cm，平均粗0.8cm；叶片长卵圆形，长9.84cm，宽5.81cm，叶基部楔形，尖端渐尖，叶边锯齿圆钝，齿尖有腺体；叶柄长1.23cm，本色。花2～3朵并生；花梗长1～2cm；萼筒钟状，萼片长圆卵形，长约5mm；花瓣5片，白色，长倒卵圆形；花冠直径1.5～2.2cm；雌蕊1枚，柱头盘状，蜜盘褐黄色，花柱比雄蕊稍长。

3. 果实性状

果实圆形，纵径3.82cm，横径4.08cm，侧径3.75cm；平均果重34.5g，最大果重42.7g；果皮底色为浅绿色，着彩色为紫红色；缝合线宽、深，两侧对称，果顶平圆；果肉厚1.0cm，橙黄色，近核处同肉色；果肉质地松软，纤维少，汁液多，风味酸甜，香味淡，品质上，核小，离核，核不裂；可溶性固形物含量16.2%。

4. 生物学习性

萌芽力高，发枝力中，中心主干弱。栽后4年开始结果，6～8年进入盛果期，以短果枝和花束状果枝结果为主；全树坐果，坐果力弱，生理落果多，采前落果少，丰产，大小年不显著。萌芽期4月上旬，开花期4月下旬，果实采收期7月下旬，落叶期11月。

品种评价

高产，抗旱，耐贫瘠，适应性较广。

植株

叶片

花

果实

果实

早熟李

Prunus salicina Lindl.'Zaoshuli'

调查编号：LITZSHW029

所属树种：李 *Prunus salicina* Lindl.

提 供 人：王志来
电　　话：13123674587
住　　址：吉林省磐石市宝山乡北锅盔村

调 查 人：宋宏伟
电　　话：13843426693
单　　位：吉林省农业科学院果树研究所

调查地点：吉林省磐石市宝山乡北锅盔村

地理数据：GPS数据（海拔：369m，经度：E126°02'55"，纬度：N42°51'35"）

生境信息

来源于当地，生长于坡地人工林，土壤为砂壤土，树龄为8年。

植物学信息

1. 植株情况

乔木，树势中等，树姿开张，树形半圆形；树高3.0m，冠幅东西3.4m、南北3.4m，干高0.8m，干周29cm；主干褐色，树皮丝状裂，枝条密度中。

2. 植物学特性

1年生枝红褐色，有光泽，节间平均长1.58cm，平均粗0.8cm；皮孔较小、较密，微凸起；叶片长卵圆形，长9.82cm，宽4.93cm，叶基部楔形，尖端渐尖，叶边锯齿圆钝，齿尖有腺体；叶柄长1.23cm，本色；花2～3朵并生；花梗长1～2cm；萼筒钟状，萼片长圆卵形；花瓣5片，白色，长倒卵圆形；花冠直径1.5～2.2cm；雌蕊1枚，柱头盘状，蜜盘褐黄色，花柱比雄蕊稍长。

3. 果实性状

果实扁圆形，纵径3.18cm，横径3.42cm，侧径3.16cm；平均果重26.2g，最大果重32.8g；果皮底色为黄绿色，着彩色为鲜红色；缝合线浅、宽，两侧对称；果顶尖圆，顶洼不明显或无；果肉厚0.5cm，橙黄色，近核处同肉色；果肉质地松软，纤维少，汁液少，风味酸甜，香味淡，品质上，核中等大小，半离核，核不裂；可溶性固形物含量13.7%。

4. 生物学习性

萌芽力中，发枝力中，中心主干弱。栽后4年开始结果，6～8年进入盛果期，以短果枝和花束状果枝结果为主；全树坐果，坐果力弱，生理落果多，采前落果少，产量中，大小年不显著。萌芽期4月上旬，开花期4月下旬，果实采收期7月上旬，落叶期11月。

品种评价

较丰产，抗旱，耐寒，耐贫瘠，适应性较广。

植株

花

花蕾

果实

叶片

瓦房店李 1 号

Prunus salicina Lindl.'Wafangdianli 1'

調查编号：LITZWAD008

所属树种：李 *Prunus salicina* Lindl.

提 供 人：刘昌民
电　　话：13128142537
住　　址：辽宁省大连市瓦房店市交
　　　　　流岛街道桑屯村

调 查 人：王爱德
电　　话：18204071798
单　　位：沈阳农业大学园艺学院

调查地点：辽宁省大连市瓦房店市交
　　　　　流岛街道桑屯村

地理数据：GPS数据（海拔：120m，
　　　　　经度：E121°15'34"，纬度：N39°23'42"）

生境信息

来源于当地，生长于田间的平地，土壤为壤土，树龄为20年。

植物学信息

1. 植株情况

乔木，树势中等，树姿半开张，树冠开心形，树高3.1m，冠幅东西4.8m、南北3.9m，树干高75cm，干周46cm；主干灰褐色，树皮丝状裂，枝条密度中。

2. 植物学特性

1年生枝红褐色，有光泽，无茸毛，节间长1.8cm；皮孔较大，稀疏，椭圆形，平；叶片长倒卵圆形，基部楔形，褶缩少，尖端突尖，叶边锯齿锐状；叶柄长1.4cm左右，带红色；花2~4朵并生；花梗长1~2cm；萼筒钟状，萼片长圆卵形；花瓣5片，白色，长倒卵圆形；花冠直径1.5~2.2cm；雌蕊1枚，柱头盘状，蜜盘褐黄色，花柱比雄蕊稍长。

3. 果实性状

果实圆形，纵径4.1cm，横径4.2cm，侧径4.2cm；平均果重41.8g；果皮底色为浅黄色，着彩色为紫红色，部分有斑；缝合线浅，两侧不对称；果顶短圆，顶洼浅、广，梗洼中深，不皱；果皮厚度薄，茸毛少；蜡质层少、薄，剥皮困难；果肉乳黄色，质地松软，纤维中，汁液多，风味酸甜，香味淡，品质上，核不裂，粘核；可溶性固形物含量10.7%，可溶性糖含量6.8%，酸含量1.2%，每百克果肉中含有维生素C4.3mg。

4. 生物学习性

萌芽力中，发枝力中。栽后3~4年开始结果，6~8年进入盛果期，以短果枝和花束状果枝结果为主；全树坐果，坐果力弱，生理落果多，采前落果少，产量中，大小年不显著。萌芽期4月上旬，盛花期5月上旬，果实采收期8月下旬，落叶期11月。

品种评价

丰产，抗旱力较强，适应性较广。

枝条

沙金沟李 5 号

Prunus salicina Lindl. 'Shajingouli 5'

- 调查编号：LITZWAD015

- 所属树种：李 *Prunus salicina* Lindl.

- 提 供 人：牛大力
  电　　话：15616235635
  住　　址：辽宁省葫芦岛市南票区暖
  池塘镇沙金沟村

- 调 查 人：王爱德
  电　　话：18204071798
  单　　位：沈阳农业大学园艺学院

- 调查地点：辽宁省葫芦岛市南票区暖
  池塘镇沙金沟村

- 地理数据：GPS数据（海拔：115m，
  经度：E120°38'14"，纬度：N41°04'52"）

生境信息

来源于当地，生长于坡地人工林，土壤为壤土，树龄为18年。

植物学信息

1. 植株情况

乔木，树势中庸，树姿开展，树冠开心形；树高4.2m，冠幅东西3.8m、南北4.75m，干周42.2cm；主干高82cm，褐色，树皮块状裂，枝条密。

2. 植物学特性

1年生枝紫红色，无光泽；皮孔中等大小，数量少，不规则形；叶片长倒卵圆形，基部宽楔形或楔形，尖端渐尖，叶长8~9.1cm，宽3.1~4.1cm；叶柄长1.2~1.4cm，带红色；花2~4朵并生；花梗长1~2cm；萼筒钟状，萼片长圆卵形；花瓣5片，白色，长倒卵圆形；花冠直径1.5~2.2cm；雌蕊1枚，柱头盘状，蜜盘褐黄色，花柱比雄蕊稍长。

3. 果实性状

果实近圆形，纵径3.66cm，横径3.50cm，侧径3.55cm；平均果重30.4g；果皮底色为浅绿色，着彩色为紫红色；缝合线两侧对称；果顶短圆形；顶洼浅，梗洼宽而浅，不皱；果梗粗，果皮薄；果肉为淡黄色，近核处同肉色；果肉质地松软，纤维细多，汁液多，风味甜酸，香味浓，离核，核小；可溶性固形物含量12.3%，可溶性糖含量7.2%，酸含量1.1%，每百克果肉中含有维生素C3.1mg。

4. 生物学习性

萌芽力中，发枝力高，生长势中。开始结果年龄2~3年，进入盛果期年龄4~5年；以短果枝和花束状果枝结果为主；树体中上部坐果，坐果力中，生理落果中，采前落果中，产量中，大小年显著。萌芽期4月上旬，开花期4月下旬或5月上旬，果实采收期8月下旬，落叶期11月下旬。

品种评价

抗旱、抗寒性较强，较丰产，适应性较广。

树干

叶片

城南长李 15号

Prunus salicina Lindl.
'Chengnanchangli 15'

调查编号： LITZSHW101

所属树种： 李 *Prunus salicina* Lindl.

提 供 人： 李利
电　话： 13623462643
住　址： 吉林省吉林市永吉县口前镇城南社区

调 查 人： 宋宏伟
电　话： 13843426693
单　位： 吉林省农业科学院果树研究所

调查地点： 吉林省吉林市永吉县口前镇城南社区

地理数据： GPS数据（海拔： 196m，经度： E126°30'13"，纬度： N43°40'03"）

生境信息

来源于当地，生长于坡地，成片集中栽培土壤为壤土，树龄为16年。

植物学信息

1. 植株情况

乔木，树势健壮，树冠开心张，树形圆锥形；树高3.0m，冠幅东西4.2m、南北3.35m，干周42cm；主干高79cm，褐色，树皮丝状裂，枝条密度中。

2. 植物学特性

1年生枝紫红色，无光泽；皮孔中等大小，数量少，不规则形；叶片长倒卵圆形，基部宽楔形或楔形，尖端渐尖，叶长8～9.0cm，宽3.0～3.9cm；叶柄长1.2～1.5cm，带红色；花1～4朵并生；花梗长1～2cm；萼筒钟状，萼片长圆卵形；花瓣5片，白色，长倒卵圆形；花冠直径1.5～2.2cm；雌蕊1枚，柱头盘状，蜜盘褐黄色，花柱比雄蕊稍长。

3. 果实性状

果实扁圆形，纵径3.6cm，横径为4.2cm，侧径4.2cm，平均果重35.2g，最大果重65g；果皮底色为浅绿色，着彩色为紫红色；缝合线深，两侧对称；果顶平圆，顶洼浅，梗洼宽而深，果皮厚度中等，蜡质层厚；果肉浅黄色，质地致密，纤维少，汁液多，风味酸甜，有香味，品质上，半离核；可溶性固形物含量14.2%。

4. 生物学习性

萌芽力高，发枝力中，生长势中。开始结果年龄2～3年，进入盛果期年龄4～5年；以短果枝和花束状果枝结果为主；全树坐果，坐果力中，生理落果中，采前落果中，产量中，大小年显著。萌芽期4月中旬，开花期5月上旬，果实采收期7月中旬，落叶期11月下旬。

品种评价

品质优，较丰产，抗病、抗寒力强，适应性较广。

花

花蕾

枝条

枝条

城南朗乡李 2号

Prunus salicina Lindl.
'Chengnanlangxiangli 2'

调查编号：LITZSHW102

所属树种：李 *Prunus salicina* Lindl.

提 供 人：李利
电　　话：13623462643
住　　址：吉林省吉林市永吉县口前镇城南社区

调 查 人：宋宏伟
电　　话：13843426693
单　　位：吉林省农业科学院果树研究所

调查地点：吉林省吉林市永吉县口前镇城南社区

地理数据：GPS数据（海拔：196m，经度：E126°30'13"，纬度：N43°40'03"）

生境信息

来源于当地，生长于平地集中栽培的李树园，土壤为壤土，树龄为8年。

植物学信息

1. 植株情况

乔木，树势强健，树姿直立，树冠圆锥形；树高3.0m，冠幅东西2.9m、南北3.0m，干高0.8m，干周29cm；主干褐色，树皮丝状裂，枝条密度中。

2. 植物学特性

1年生枝红褐色，光滑；皮孔较大、凸起，数量少，不规则形；叶片长倒卵圆形，基部宽楔形或楔形，尖端渐尖，叶长7~8.0cm，宽3.0~3.5cm；叶柄长1.1~1.5cm，带红色；花2~3朵并生；花梗长1~2cm；萼筒钟状，萼片长圆卵形；花瓣5片，白色，长倒卵圆形；花冠直径1.5~2.2cm；雌蕊1枚，柱头盘状，蜜盘褐黄色，花柱比雄蕊稍长。

3. 果实性状

果实近圆形，平均果重35.2g，最大果重65g；果皮黄色；缝合线浅、细，两侧对称；果顶尖圆，顶洼浅，梗洼深，广度中等；果皮厚度中等，蜡质层厚；果肉乳黄色，近核处玫瑰红色；果肉质地致密，纤维少，汁液多，风味酸甜，香味淡，品质上，半离核；可溶性固形物含量14.2%。

4. 生物学习性

萌芽力高，发枝力中，新梢生长量大，生长势中。开始结果年龄3~4年，进入盛果期年龄5~6年；以短果枝和花束状果枝结果为主；全树坐果，坐果力中，生理落果中，采前落果中，产量中，大小年显著。萌芽期4月上旬，开花期4月下旬，果实采收期7月中旬，落叶期11月。

品种评价

优质，抗病，抗寒，适应性较广。

植株

果实

叶片

花

果实

芽

城南朗乡李

Prunus salicina Lindl.
'Chengnanlangxiangli'

调查编号：LITZSHW103

所属树种：李 *Prunus salicina* Lindl.

提 供 人：李利
电　　话：13623462643
住　　址：吉林省吉林市永吉县口前镇城南社区

调 查 人：宋宏伟
电　　话：13843426693
单　　位：吉林省农业科学院果树研究所

调查地点：吉林省吉林市永吉县口前镇城南社区

地理数据：GPS数据（海拔：196m，经度：E126°30′13″，纬度：N43°40′03″）

生境信息

来源于外地，地形为坡地，集中栽培，行间生草，土壤为壤土，树龄为22年。

植物学信息

1. 植株情况

乔木，树势较弱，树姿开张，主要骨架枝缺失，树形乱头形；树高2.8m，冠幅东西2.4m、南北3.4m，干高0.9m，干周59cm；树干灰褐色，树皮丝状裂，枝条密度中。

2. 植物学特性

1年生枝红褐色，无光泽，长度中等；皮孔小，少，平，椭圆形；叶片长卵圆形，中等大小，绿色，基部楔形，叶尖渐尖，叶边锯齿锐状，齿尖无腺体；叶柄中长，带红色；花2～3朵并生；花梗长1～2cm；萼筒钟状，萼片长圆卵形；花瓣5片，白色，长倒卵圆形；花冠直径1.5～2.2cm；雌蕊1枚，柱头盘状，蜜盘褐黄色，花柱比雄蕊稍长。

3. 果实性状

果实扁圆形，平均果重35.2g，最大果重65g；果皮底色为浅绿色，着彩色为紫红色；缝合线浅，两侧不对称；果顶尖圆，顶洼不明显，梗洼宽度中，深度中；果皮厚度中等，蜡质层厚；果肉乳黄色，近核处玫瑰红；果肉质地致密，纤维少，汁液多，风味酸甜，香味淡，品质上，半离核；可溶性固形物含量14.2%。

4. 生物学习性

萌芽力中，发枝力中，生长势中。开始结果年龄3～4年，进入盛果期年龄5～6年；以短果枝和花束状果枝结果为主；全树坐果，坐果力弱，生理落果多，采前落果少，产量中，大小年显著。萌芽期4月上旬，开花期4月下旬，果实采收期7月中旬，落叶期11月。

品种评价

品质优，较抗病，适应性较广。

植株

叶片

果实

结果枝

果实

城南黄梅李

Prunus salicina Lindl.
'Chengnanhuangmeili'

调查编号：LITZSHW109

所属树种：李 *Prunus salicina* Lindl.

提 供 人：李利
电　　话：13623462643
住　　址：吉林省吉林市永吉县口前
镇城南社区

调 查 人：宋宏伟
电　　话：13843426693
单　　位：吉林省农业科学院果树研
究所

调查地点：吉林省吉林市永吉县口前
镇城南社区

地理数据：GPS数据（海拔：196m，
经度：E126°30'13"，纬度：N43°40'03"）

生境信息

来源于当地，生长于坡地，成片栽培，土壤为壤土，树龄为8年。

植物学信息

1. 植株情况

乔木，树势健壮，树姿开张，树冠开心形；树高2.8m，冠幅东西3.2m、南北3.5m，干高44cm，干周29cm；主干灰褐色，树皮纵裂状，枝条密度中。

2. 植物学特性

1年生枝红褐色，有光泽；皮孔小而较密，椭圆形，微凸；叶片倒卵圆形，叶长7.3～8.7cm，宽3.1～3.5cm，叶尖渐尖，叶基楔形，叶边锯齿细钝，齿尖有腺体；叶柄长1.0～1.5cm；花2～3朵并生；花梗长1～2cm；萼筒钟状，萼片长圆卵形，长约5mm；花瓣5片，白色，长倒卵圆形；花冠直径1.5～2.2cm；雌蕊1枚，柱头盘状，花柱比雄蕊稍长。

3. 果实性状

果实椭圆形，平均果重35.2g，最大果重65g；果皮底色为浅黄色，密被白色果粉；缝合线较浅或不明显，两侧对称；果顶尖圆，顶洼较浅或不明显，梗洼宽，深度中；果皮厚度中等，味涩；果肉乳黄色，近核处玫瑰红；果肉质地致密，纤维少，汁液多，风味酸甜，香味淡，品质上，半离核；可溶性固形物含量14.2%。

4. 生物学习性

萌芽力中等，发枝力较低，新梢生长量较大。栽后2～3年开始结果，5～6年进入盛果期；以短果枝和花束状果枝结果为主；全树坐果，坐果力弱，生理落果多，采前落果少，产量中，大小年显著。萌芽期4月上旬，开花期5月上旬，果实采收期7月中旬，落叶期11月。

品种评价

品质优良，较抗寒，适应性较广。

叶片

花

枝条

花蕾

城南盘布李

Prunus salicina Lindl.
'Changnanpanbuli'

调查编号： LITZSHW105

所属树种： 李 *Prunus salicina* Lindl.

提 供 人： 李利
电　　话： 13623462643
住　　址： 吉林省吉林市永吉县口前
　　　　　镇城南社区

调 查 人： 宋宏伟
电　　话： 13843426693
单　　位： 吉林省农业科学院果树研
　　　　　究所

调查地点： 吉林省吉林市永吉县口前
　　　　　镇城南社区

地理数据： GPS数据（海拔：196m，
　　　　　经度：E126°30'13"，纬度：N43°40'03"）

生境信息

来源于当地，生长于坡地，成片栽培，行间生草，土壤为壤土，树龄为10年。

植物学信息

1. 植株情况

乔木，树势强健，树姿半开张，树形开心形；树高2.9m，冠幅东西3.6m、南北3.7m，干高0.8m，干周29cm；主干褐色，树皮丝状裂，枝条密度中。

2. 植物学特性

1年生枝褐红色，无光泽，长60cm左右；皮孔小，密，平，椭圆形；结果枝上花芽数量多，叶芽数量中，叶片长倒卵圆形，长8.6cm，宽3.4cm，叶尖渐尖，基部楔形，叶边锯齿锐状，齿尖无腺体；叶柄中长，带红色；花普通形，色泽浓，花瓣菱形，褶皱程度中；雄蕊茸毛中，蜜盘黄色；萼片卵形，毛茸中，萼筒大小中。

3. 果实性状

果实椭圆或卵圆形，平均果重35.2g，最大果重65g；果皮底色为浅绿色，着彩色为紫红色；缝合线较浅，两侧不对称；果顶平圆，顶洼浅，梗洼较深、较窄；果皮厚度中等，蜡质层厚；果肉乳黄色，近核处玫瑰红；果肉质地致密，纤维少，汁液多，风味酸甜，香味淡，品质上，半离核；可溶性固形物含量14.2%。

4. 生物学习性

萌芽力高，发枝力中，生长势强，新梢生长量大。开始结果年龄2～3年，进入盛果期年龄4～5年；树冠中下部坐果，坐果力中，生理落果少，采前落果少，产量中，大小年不显著。萌芽期3月下旬，开花期4月中旬，果实采收期7月中旬，落叶期11月下旬。

品种评价

品质优良，较抗病，适应性强。

植株

花蕾

叶片

果实

果实

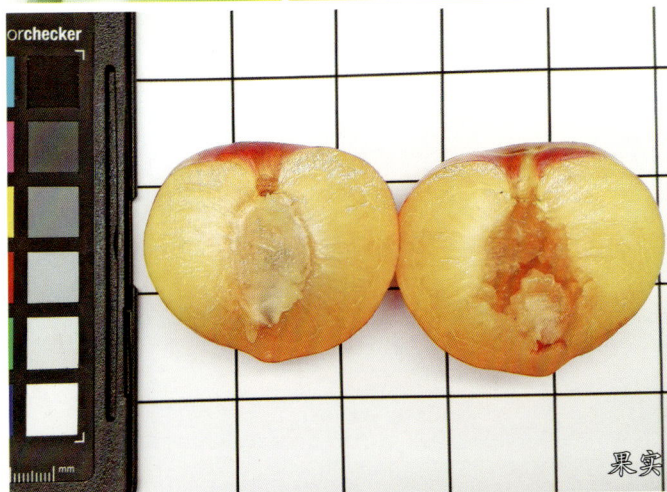

花

城南李 1 号

Prunus salicina Lindl.'Chengnanli 1'

◎ 调查编号：LITZSHW106

🗝 所属树种：李 *Prunus salicina* Lindl.

📄 提 供 人：李利
电　　话：13623462643
住　　址：吉林省吉林市永吉县口前
镇城南社区

📇 调 查 人：宋宏伟
电　　话：13843426693
单　　位：吉林省农业科学院果树研
究所

📍 调查地点：吉林省吉林市永吉县口前
镇城南社区

🌐 地理数据：GPS数据（海拔：196m，
经度：E126°30'13"，纬度：N43°40'03"）

🪪 生境信息

来源于当地，生长于院落中，土壤为壤土，树龄为6年。

📋 植物学信息

1. 植株情况

乔木，树势中等，树姿半开张，树形半圆形；树高2.4m，冠幅东西2.2m、南北2.4m，干高0.8m，干周18cm；主干褐色，树皮丝状裂，枝条密度中。

2. 植物学特性

1年生枝红褐色，有光泽，节间平均长1.47cm，平均粗0.7cm；皮孔较大，稀疏，圆形，微凸；叶片绿色，倒卵圆形，长9.64cm，宽4.64cm；叶尖渐尖，叶基楔形；叶柄长1.06cm，绿色；花2～3朵并生；花梗长1～2cm；萼筒钟状，萼片长圆卵形，长约5mm；花瓣5片，白色，长倒卵圆形；花冠直径1.5～2.2cm；雌蕊1枚，柱头盘状，花柱比雄蕊稍长。

3. 果实性状

果实近圆形，纵径3.13cm，横径3.24cm，侧径2.98cm；平均果重24.7g，最大果重32.6g；果皮底色为浅绿色，着彩色为紫红色；缝合线宽、较深，两侧对称；果顶尖圆，顶洼浅；果肉厚0.5cm，橙黄色，近核处同肉色；果肉质地松软，纤维少，汁液少，风味酸甜，香味淡，果核中等大小，半离核，核不裂；可溶性固形物含量14.8%；品质上。

4. 生物学习性

萌芽力弱，发枝力中，生长势弱。4年开始结果，6年进入盛果期；以短果枝结果为主，长果枝10%，中果枝10%，短果枝80%；全树坐果，坐果力弱，生理落果中，采前落果少，产量中，大小年不显著。萌芽期3月下旬，开花期4月中旬，果实采收期7月下旬，落叶期11月中旬。

📑 品种评价

高产，耐寒、耐旱，适应性较广。

植株

叶片

花

果实

果实

芽

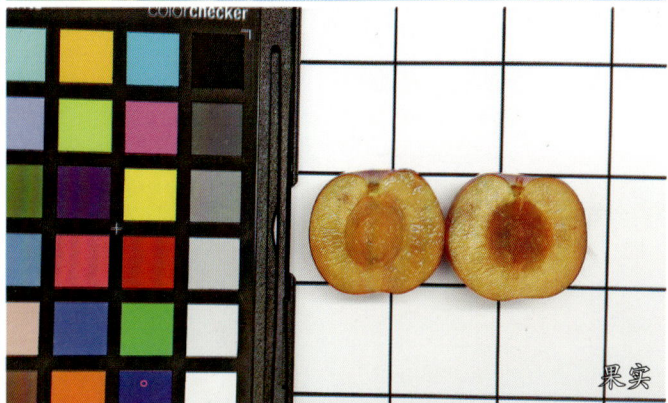

果实

城南李 2 号

Prunus salicina Lindl.'Chengnanli 2'

调查编号：LITZSHW107

所属树种：李 *Prunus salicina* Lindl.

提 供 人：李利
电　　话：13623462643
住　　址：吉林省吉林市永吉县口前镇城南社区

调 查 人：宋宏伟
电　　话：13843426693
单　　位：吉林省农业科学院果树研究所

调查地点：吉林省吉林市永吉县口前镇城南社区

地理数据：GPS数据（海拔：196m，经度：E126°30'13"，纬度：N43°40'03"）

生境信息

来源于当地，生长于坡地，成片栽培，土壤为壤土，树龄为16年。

植物学信息

1. 植株情况

乔木，树势强健，树姿开张，树形开心形；树高2.9m，冠幅东西4.4m、南北4.5m，干高0.9m，干周48cm；主干褐色，树皮丝状裂，枝条密度中。

2. 植物学特性

1年生枝红色，无光泽；皮孔小、少、平，椭圆形；叶片长卵圆形，中等大小，绿色，叶尖渐尖，基部楔形，叶边锯齿锐状，齿尖无腺体；叶柄中长，带红色；花普通形，色泽浓，花瓣菱形，褶皱程度中；雄蕊茸毛中，蜜盘黄色；萼片卵形，毛茸中，萼筒大小中。

3. 果实性状

果实扁圆形或近圆形，平均果重34.2g，最大果重60g；果皮底色为浅绿色，着彩色为紫红色；缝合线浅而广，两侧对称；果顶尖圆，梗洼宽度中，深度中；果皮厚度中等，味微涩；果肉乳黄色，近核处玫瑰红；果肉质地致密，纤维少，汁液多，风味酸甜，香味淡，品质上，半离核；可溶性固形物含量14.4%。

4. 生物学习性

萌芽力高，发枝力中。开始结果年龄2～3年，进入盛果期年龄4～5年；以花束状果枝和短果枝结果为主，长果枝10%，中果枝10%，短果枝80%；全树坐果，坐果力中，生理落果少，采前落果少，产量中，大小年不显著。萌芽期3月下旬，开花期4月上中旬，果实采收期7月中旬，落叶期11月下旬。

品种评价

优质丰产，较抗寒，适应性较广。

植株

花

城南李 3 号

Prunus salicina Lindl.'Chengnanli 3'

调查编号： LITZSHW108

所属树种： 李 *Prunus salicina* Lindl.

提 供 人： 李利
电　　话： 13623462643
住　　址： 吉林省吉林市永吉县口前
镇城南社区

调 查 人： 宋宏伟
电　　话： 13843426693
单　　位： 吉林省农业科学院果树研
究所

调查地点： 吉林省吉林市永吉县口前
镇城南社区

地理数据： GPS数据（海拔：196m，
经度：E126°30'13"，纬度：N43°40'03"）

生境信息

来源于当地，生于田间，伴生植物为玉米等农作物，土壤为壤土，树龄为10年。

植物学信息

1. 植株情况

乔木，树势较弱，树姿半开张，树形偏头形，受玉米影响；树高3.5m，冠幅东西2.3m、南北2.1m，干高0.7m，干周20cm；主干灰褐色，树皮丝状裂，枝条密度中。

2. 植物学特性

1年生枝红褐色，有光泽，节间平均长1.47cm，平均粗0.7cm；叶片长倒卵圆形，长9.34cm，宽4.52cm；叶尖渐尖，叶基楔形；叶柄长1.11cm，带红色。花2~3朵并生；花梗长1~2cm；萼筒钟状，萼片长圆卵形，长约5mm；花瓣5片，白色，长倒卵圆形；花冠直径1.5~2.2cm；雌蕊1枚，柱头盘状，花柱比雄蕊稍长。

3. 果实性状

果实近圆形，纵径3.23cm，横径3.33cm，侧径2.97cm；平均果重26.9g，最大果重34.6g；果皮底色为浅绿色，着彩色为紫红色；缝合线较浅，两侧对称；果顶平齐；果肉厚0.5cm，橙黄色，近核处同肉色；果肉质地松软，纤维少，汁液少，风味酸甜，有香味，果核中等大小，离核，核不裂；可溶性固形物含量14.3%；品质上。

4. 生物学习性

萌芽力弱，发枝力弱，生长势弱。3~4年开始结果，6~7年进入盛果期；以短果枝和花束状果枝结果为主，长果枝10%，中果枝10%，短果枝80%；全树坐果，坐果力弱，生理落果中，采前落果少，产量中，大小年不显著。萌芽期3月下旬，开花期4月下旬，果实采收期8月上旬，落叶期11月中旬。

品种评价

高产，优质，耐寒、耐旱，适应性较广。

植株

花

花蕾

城南平山李

Prunus salicina Lindl.'Chengnanpingshanli'

调查编号：LITZSHW110

所属树种：李 *Prunus salicina* Lindl.

提 供 人：李利
电　　话：13623462643
住　　址：吉林省吉林市永吉县口前镇城南社区

调 查 人：宋宏伟
电　　话：13843426693
单　　位：吉林省农业科学院果树研究所

调查地点：吉林省吉林市永吉县口前镇城南社区

地理数据：GPS数据（海拔：196m，经度：E126°30'13"，纬度：N43°40'03"）

生境信息

来源于当地，生长于成片栽培的果园，土壤为壤土，树龄为11年。

植物学信息

1. 植株情况

乔木，树势较强，树姿直立，树形半圆头形；树高3.8m，冠幅东西3.1m、南北3.0m，干高60cm，主干灰色；树皮块状裂，枝条密度中。

2. 植物学特性

1年生枝暗紫红色，无光泽，平均节间长1.61cm；皮孔较大，稀疏，椭圆形或圆形，微凸；多年生枝条褐色；叶片浅绿色，长6.6cm，宽2.9cm；叶尖渐尖；叶基部楔形，叶边锯齿圆钝，齿尖无腺体；叶柄长，带红色；花普通形，色泽浓，花瓣圆形，白色，褶皱中；雄蕊粗度中，茸毛少，蜜盘黄色；萼片卵形，毛茸少，萼筒中。

3. 果实性状

果实扁圆形，较大，平均果重53.4g；果皮底色为绿色，着彩色为紫红涩；缝合线宽浅，两侧不对称；果顶短圆，顶洼较浅，梗洼宽度狭，不皱；果皮厚度中，密被灰白色果粉；果肉乳黄色，近核处玫瑰红色；果肉各部成熟度不一致，果肉质地松软，纤维中粗，汁液多，风味酸甜，香味中，粘核；可溶性固形物含量12.8%，可溶性糖含量11.5%，酸含量0.9%，每百克果肉中含有维生素C4.1mg；品质中。

4. 生物学习性

萌芽力中，发枝力弱。开始结果3～4年，6～7年进入盛果期；以短果枝结果为主，全树坐果，坐果力中，生理落果中，采前落果少，产量中，大小年不显著。萌芽期3月下旬，开花期4月中旬，果实采收期8月上旬，落叶期11月中旬。

品种评价

较丰产，品质优，耐贫瘠，适应性较广。

植株

花

枝条

花蕾

果实

城南李 4 号

Prunus salicina Lindl.'Chengnanli 4'

- 调查编号：LITZSHW111

- 所属树种：李 *Prunus salicina* Lindl.

- 提 供 人：李利
  电　　话：13623462643
  住　　址：吉林省吉林市永吉县口前
  镇城南社区

- 调 查 人：宋宏伟
  电　　话：13843426693
  单　　位：吉林省农业科学院果树研
  究所

- 调查地点：吉林省吉林市永吉县口前
  镇城南社区

- 地理数据：GPS数据（海拔：196m，
  经度：E126°30'13"，纬度：N43°40'03"）

生境信息

来源于当地，生长于坡地人工林，土壤为壤土，树龄为12年。

植物学信息

1. 植株情况

乔木，树势中等，树形半圆形；树高4.1m，冠幅东西3.5m、南北3.6m，干高1.1m，干周33cm；主干褐色，树皮丝状裂，枝条较密。

2. 植物学特性

1年生枝红褐色，有光泽，节间平均长1.65cm，平均粗0.8cm；皮孔小，椭圆形，微凸，稀疏；多年生枝灰褐色；叶片长10.22cm，宽5.14cm，长倒卵圆形；叶柄长1.38cm，本色；花2~3朵并生；花梗长1~2cm；萼筒钟状，萼片长圆卵形，长约5mm；花瓣5片，白色，长倒卵圆形；花冠直径1.5~2.2cm；雌蕊1枚，柱头盘状，花柱比雄蕊稍长。

3. 果实性状

果实圆形，纵径2.54cm，横径2.75cm，侧径2.17cm；平均果重15.7g，最大果重22.8g；果皮底色为浅绿色，着彩色为紫红色；缝合线较浅，两侧对称；果顶平圆，顶洼浅；果肉厚0.5cm，橙黄色，近核处同肉色；果肉质地松软，纤维少，汁液少，风味酸甜，香味淡，核中等大小，半离核，核不裂；可溶性固形物含量12.8%；品质上。

4. 生物学习性

萌芽力高，发枝力中。4年开始结果，6年进入盛果期；以花束状果枝和短果枝结果为主；全树坐果，坐果力中，生理落果多，采前落果少，产量中，大小年不显著。萌芽期4月上旬，开花期5月上旬，果实采收期8月下旬，落叶期11月。

品种评价

高产，抗旱，耐贫瘠，适应性较广。

生境

植株

花

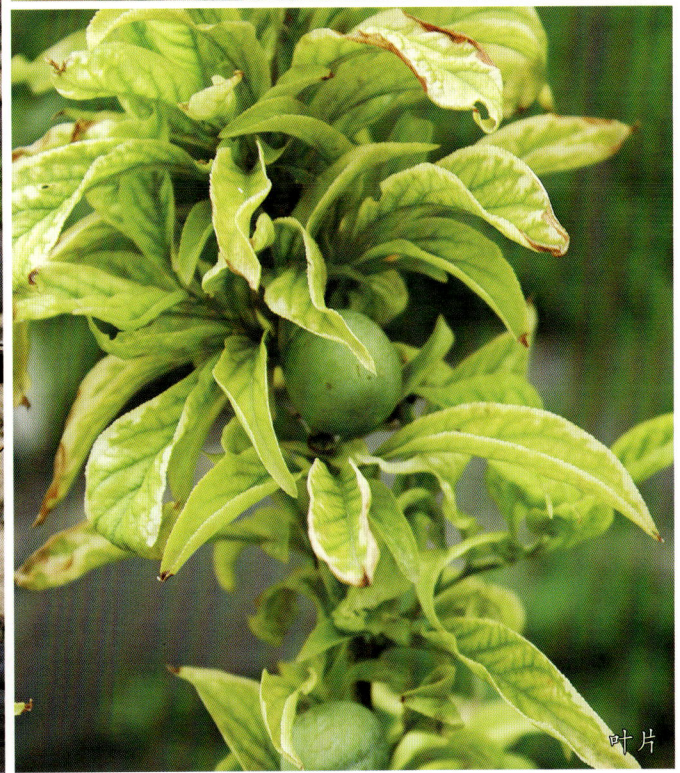
叶片

龙竹酥李

Prunus salicina Lindl.'Longzhusuli'

调查编号：LITZSHW112

所属树种：李 *Prunus salicina* Lindl.

提 供 人：李利
电　　话：13623462643
住　　址：吉林省吉林市永吉县口前镇城南社区

调 查 人：宋宏伟
电　　话：13843426693
单　　位：吉林省农业科学院果树研究所

调查地点：吉林省吉林市永吉县口前镇城南社区

地理数据：GPS数据（海拔：196m，经度：E126°30'13"，纬度：N43°40'03"）

生境信息

来源于当地，生长于平地成片栽培的果园，土壤为壤土，树龄为9年。

植物学信息

1. 植株情况

乔木，树势中健，树姿直立，树形圆锥形；树高3.8m，冠幅东西3.2m、南北3.1m，主干高50cm，灰褐色；树皮块状裂，枝条密度中。

2. 植物学特性

1年生枝紫红色，无光泽，长度中，皮孔中等大小，微凸起，圆形或椭圆形；叶片长卵圆形，浅绿色，基部楔形，尖端渐尖，叶边锯齿圆钝，齿尖有腺体；叶柄粗细中，带红色；花普通形，色泽浓，花瓣圆形，褶皱中；雄蕊粗度中，茸毛少，蜜盘黄色；萼片卵形，茸毛少，萼筒中。

3. 果实性状

果实近圆形，中大，纵径3.94cm，横径4.08cm，侧径4.13cm，平均果重42.5g，最大果重60g；果皮底色为黄绿色，着彩色为紫红色；缝合线不明显，两侧对称；果顶平圆，顶洼较浅，梗洼深而广；果皮厚度中，茸毛中；果肉黄色，质地松脆，纤维少而细，汁液多，风味甜酸，香味浓；核小，离核，不裂；可溶性固形物含量11.4%，可溶性糖含量6.9%，酸含量1.0%，每百克果肉中含有维生素C5.0mg；品质上。

4. 生物学习性

萌芽力高，发枝力中，新梢生长量大。3～4年开始结果，6～7年进入盛果期；以花束状果枝和短果枝结果为主；全树坐果，坐果力弱，生理落果多，采前落果多，产量较高，大小年显著。萌芽期4月上旬，开花期5月上旬，花期7～8天，果实采收期8月上旬，落叶期11月。

品种评价

品质优良，产量较高，抗寒性强，适应性较广。

植株

叶片

花蕾

枝条

果实

花

城南李 5 号

Prunus salicina Lindl.'Chengnanli 5'

调查编号：LITZSHW113

所属树种：李 *Prunus salicina* Lindl.

提 供 人：李利
电　　话：13623462643
住　　址：吉林省吉林市永吉县口前镇城南村

调 查 人：宋宏伟
电　　话：13843426693
单　　位：吉林省农业科学院果树研究所

调查地点：吉林省吉林市永吉县口前镇城南社区

地理数据：GPS数据（海拔：196m，经度：E126°30'13"，纬度：N43°40'03"）

生境信息

来源于外地，生长于耕地的地埂，土壤为壤土，树龄为21年左右。现存1株。

植物学信息

1. 植株情况

乔木，树势中等，树姿半开张，树形半圆形；树高4.8m，冠幅东西3.9m、南北3.81m，干高1.2m，干周62cm；主干褐色，树皮丝状裂，枝条密度中。

2. 植物学特性

1年生枝红褐色，有光泽，节间平均长1.59cm，平均粗0.78cm；皮孔大而稀，凸起，星形；叶片长卵圆形，长8.84cm，宽5.71cm，叶基部褶缩中等，尖端渐尖，叶边锯齿圆钝，齿尖有腺体；叶柄长1.33cm，本色；花2~4朵并生；花梗长1~2cm；萼筒钟状，萼片长圆卵形，长约5mm；花瓣5片，白色，长倒卵圆形；花冠直径1.5~2.2cm；雌蕊1枚，柱头盘状，蜜盘褐黄色，花柱比雄蕊稍长。

3. 果实性状

果实圆形，纵径3.84cm，横径4.02cm，侧径3.76cm；平均果重34.5g，最大果重42.7g；果皮底色为浅绿色，着彩色为紫红色；缝合线宽而深，两侧不对称，果顶尖圆，顶洼浅或不明显；果肉厚0.8cm，橙黄色，近核处同肉色，果肉质地松软，纤维少，汁液多，风味酸甜，香味淡，品质上，核小，离核，核不裂；可溶性固形物含量16.3%。

4. 生物学习性

萌芽力高，发枝力中，中心主干弱。栽后4年开始结果，6~8年进入盛果期，以短果枝和花束状果枝结果为主；全树坐果，坐果力弱，生理落果多，采前落果少，丰产，大小年不显著。萌芽期4月上旬，开花期4月下旬，果实采收期8月中旬，落叶期11月。

品种评价

高产，抗旱，耐贫瘠，适应性较广。

植株

叶片

花蕾

花

结果状

果实

城南李 6 号

Prunus salicina Lindl.'Chengnanli 6'

调查编号：LITZSHW115

所属树种：李 *Prunus salicina* Lindl.

提 供 人：李利
电　　话：13623462643
住　　址：吉林省吉林市永吉县口前
　　　　　镇城南社区

调 查 人：宋宏伟
电　　话：13843426693
单　　位：吉林省农业科学院果树研
　　　　　究所

调查地点：吉林省吉林市永吉县口前
　　　　　镇城南社区

地理数据：GPS数据（海拔：196m，
　　　　　经度：E126°30'13"，纬度：N43°40'03"）

生境信息

来源于当地，生长于坡地，成片栽培，行间生草，土壤为壤土，树龄为12年。

植物学信息

1. 植株情况

乔木，树势中健，树姿直立，树形圆锥形；树高3.5m，冠幅东西3.0m、南北2.8m，干高0.9m，褐色，树皮丝状裂，枝条密。

2. 植物学特性

1年生枝紫红色，无光泽，节间平均长1.64cm，平均粗0.9cm；皮孔中等大小，数量中等，平，椭圆形；多年生枝灰黑色，叶片绿色，叶平均长9.47cm，宽4.63cm；叶片长卵圆形；叶尖渐尖，基部楔形，叶边锯齿锐状，齿尖无腺体；叶柄长1.2cm，绿略带红色；花2～3朵并生；花梗长1～2cm；萼筒钟状，萼片长圆卵形，长约5mm；花瓣5片，白色，长倒卵圆形；花冠直径1.5～2.2cm；雌蕊1枚，柱头盘状，花柱比雄蕊稍长。

3. 果实性状

果实圆形，平均果重24.7g；果皮底色为浅绿色，着彩色为紫红色，有白色果点；缝合线两侧对称；果顶平圆，顶洼浅，梗洼较宽、较浅，不皱；果梗粗；果皮厚度中，茸毛少，蜡质层厚；果肉乳黄色，近核处同肉色；果肉质地松软，汁液多，风味甜酸，香味中，核裂，粘核；可溶性固形物含量13.2%，可溶性糖含量7.1%，酸含量1.5%；每百克果肉中含有维生素C 3.0mg；品质中上。

4. 生物学习性

萌芽力中，生长势中。2～3年开始结果，5～6年进入盛果期；以短果枝和花束状果枝结果为主。全树坐果，坐果力中，生理落果中，采前落果少，大小年显著。4月上旬花芽萌动，4月底或5月初始花期，8月下旬果实成熟，11月落叶。

品种评价

丰产，较抗旱、抗寒，适应性较广。

植株

枝条

花蕾

果实

果实

苏家河李

Prunus salicina Lindl.'Sujiaheli'

调查编号：CAOSYLHX183

所属树种：李 *Prunus salicina* Lindl.

提 供 人：谢思明
电　　话：13197465243
住　　址：湖北省随州市随县澴潭镇
　　　　　苏家河村6组石塘湾

调 查 人：谢恩忠、李好先
电　　话：13908663530
单　　位：湖北省随州市林业局

调查地点：湖北省随州市随县澴潭镇
　　　　　苏家河村6组石塘湾

地理数据：GPS数据（海拔：148m，
　　　　　经度：E113°04'37.4"，纬度：N31°51'56.8"）

生境信息

来源于当地，地形为山地可耕地，生长于地埂上，土壤为壤土，树龄为21年。

植物学信息

1. 植株情况

乔木，树势较弱，树姿直立，树形为乱头形；树高6m，冠幅东西5m、南北6m，干高1.3cm，干周50cm；主干灰褐色，树皮丝状裂，枝条稀疏。

2. 植物学特性

1年生枝红褐色，有光泽，较细弱，节间平均长2cm；皮孔小而稀，平，近圆形；叶片长卵圆形，浅绿色，长9.73cm，宽4.26cm，叶基部楔形或阔楔形，尖端渐尖，叶边锯齿针状；叶柄长1.21cm，浅绿色；花2～3朵并生；花梗长1～2cm；萼筒钟状，萼片长圆卵形，长约5mm；花瓣5片，白色，长倒卵圆形，褶皱中；花冠直径1.5～2.2cm；雌蕊1枚，柱头盘状，雄蕊茸毛中，蜜盘黄色，花柱比雄蕊稍长。

3. 果实性状

果实近圆形，平均果重41.7g；果皮底色为浅绿色，着彩色为朱红色；缝合线两侧不对称；果顶短圆形，顶洼浅，梗洼深度和宽度中等，不皱；果梗较粗；果皮厚度中等，蜡质层厚，剥皮困难；果肉乳黄色，近核处玫瑰红色，各部分成熟度不一致；果肉质地松软，纤维少，汁液多，风味甜，香味中，核不裂，半离核；可溶性固形物含量10.5%，可溶性糖含量7.6%，酸含量1.2%，每百克果肉中含有维生素C4.4mg；品质上。

4. 生物学习性

萌芽力高，发枝力低，中心主干弱。开始结果年龄为栽后4年，进入盛果期年龄为栽后6～7年；以花束状果枝和短果枝结果为主，中果枝15%，短果枝85%；全树坐果，坐果力弱，生理落果多，采前落果多，大小年不显著，产量中等。萌芽期3月下旬，开花期4月上中旬，果实采收期7月中旬，落叶期11月下旬。

品种评价

较丰产，抗旱、抗病性强，较耐贫瘠，适应性较广。

植株

叶片

果实

果实

果实

扎玉李

Prunus salicina Lindl. 'Zhayuli'

调查编号： MAHPYPL001

所属树种： 李 *Prunus salicina* Lindl.

提供人： 马和平
电　话： 13989040375
住　址： 西藏农牧学院

调查人： 袁平丽
电　话： 13674951625
单　位： 中国农业科学院郑州果树研究所

调查地点： 西藏自治区昌都市左贡县扎玉镇成德村

地理数据： GPS数据（海拔：3560m，经度：E98°03'06.8"，纬度：N29°16'53.4"）

生境信息

来源于当地，生长于山地，地埂边，土壤为砂壤土，树龄为20年以上。

植物学信息

1. 植株情况

乔木，树势中等，树姿开展，有中心主干，树形圆头形；树高5m，冠幅东西5.2m、南北5.5m，干高2.0m，干周110cm；主干褐色，树皮块状裂，枝条密。

2. 植物学特性

1年生枝红褐色，无光泽，平均长50cm，节间平均长4.4cm，平均粗0.6cm；皮孔大小中，数量中，略凸，椭圆形。单芽45%，复芽55%，结果枝上花芽数量多，叶芽数量中；花芽小，顶端钝尖形，着生角度离生，茸毛中。叶片长卵圆形，较小，长5.6cm，宽3.4cm，基部无褶缩，叶边锯齿锐状，叶尖渐尖；叶柄平均长2cm，带红色；花普通形，花冠直径2.2cm，色泽极淡，花瓣圆形，褶皱程度少；雄蕊长11mm，细，茸毛少，蜜盘褐黄色；萼片椭圆形，毛茸中，萼筒大小中。

3. 果实性状

果实圆形，纵径2.9cm，横径2.8cm，侧径2.9cm；平均果重12.6g，最大果重16g；果皮底色为绿色，着彩色为玫瑰红色，部分有斑；缝合线宽浅，两侧不对称；果顶尖圆，无顶注，梗注宽度中，深度中，不皱；果皮薄，茸毛少，蜡质层薄，剥皮容易；果肉厚0.5cm，橙黄色，近核处同肉色，果肉各部分成熟度一致；果肉质地松软，纤维少，细，汁液中，风味酸甜，香味中，核中等大小，核不裂，粘核。可溶性固形物含量10.21%，可溶性糖含量9.15%，酸含量1.5%，每百克果肉中含有维生素C7.54mg；品质中。

4. 生物学习性

萌芽力强，发枝力高，中心主干生长势弱。开始结果年龄为栽后5～6年，盛果期年龄为栽后8～10年；长果枝8%，中果枝23%，短果枝69%，以短果枝结果为主；全树坐果，坐果力弱，生理落果少，采前落果少，产量中，大小年不显著。萌芽期3月中旬，开花期4月中旬，果实采收期9月上旬，落叶期10月下旬。

品种评价

产量中等，抗寒、抗旱力强，耐贫瘠，适应性较广。

结果状

植株

花蕾

叶片

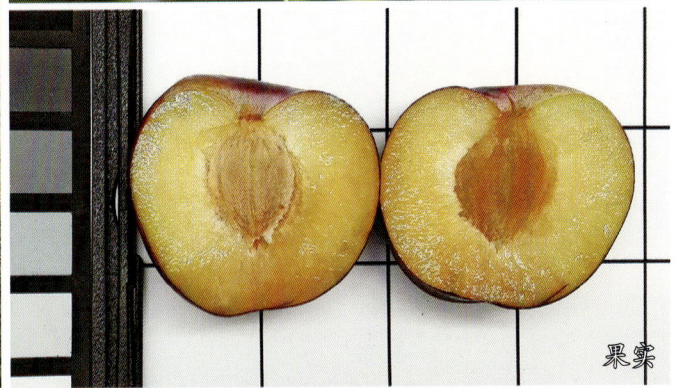

果实

邵原黄李

Prunus salicina Lindl.'Shaoyuanhuangli'

调查编号: CAOSYWWZ017

所属树种: 李 *Prunus salicina* Lindl.

提 供 人: 吕田柱
电　　话: 0391－6792448
住　　址: 河南省济源市邵原镇黄楝树村

调 查 人: 王文战
电　　话: 13838902065
单　　位: 河南省济源市林业科学研究所

调查地点: 河南省济源市邵原镇黄楝树村

地理数据: GPS数据（海拔：467m，经度：E112°0745.27"，纬度：N35°1259.7"）

生境信息

来源于当地，生长于房前屋后，现存3株，土壤为壤土，树龄为分别为15、10、30年。

植物学信息

1. 植株情况

树势中等，树姿半开张，树形乱头形；树高7m，冠幅东西5m、南北4m，干高2.0m，干周72cm；主干灰褐色，树皮丝状裂，枝条较稀。

2. 植物学特性

1年生枝暗紫红色，有光泽，平均长49cm，节间平均长4.1cm，平均粗0.7cm；皮孔大小中，数量中，略凸，椭圆形；叶片长卵圆形，叶长12cm，宽4cm，基部楔形，无褶缩，叶边锯齿圆钝；叶柄长1.0cm，浅绿色；花普通形，花冠直径2.2cm，色泽极淡，花瓣圆形，褶皱程度少；雄蕊长9～11mm，细，茸毛少，蜜盘褐黄色；萼片椭圆形，毛茸中，萼筒大小中。

3. 果实性状

果实圆形，纵径2.86cm，横径2.94cm，侧径2.87cm；平均果重10.5g，最大果重14.3g；果皮底色为浅绿色，着彩色为紫红晕斑；缝合线不显著，两侧对称；果顶平圆，顶洼较浅；果肉厚0.6cm，橙黄色，近核处同肉色；果肉质地松软，纤维少，汁液多，风味酸甜，香味淡，果核小，离核，核不裂；可溶性固形物含量15.9%；品质中。

4. 生物学习性

萌芽力强，发枝力弱，多短枝，新梢生长量小。早果性好，以短果枝结果为主，短果枝占85%；全树坐果，坐果力中，生理落果少，采前落果少，大小年显著。萌芽期3月中旬，盛花期4月中旬，果实采收期7月中旬，落叶期11月上旬。

品种评价

高产，抗旱，耐贫瘠，适应性较广。

黄李
YUEHB WYIZ 017

生境

植林

夏家冲李

Prunus salicina Lindl.'Xiajiachongli'

调查编号：FANHWLM010

所属树种：李 *Prunus salicina* Lindl.

提 供 人：刘猛
电　　话：15939739918
住　　址：河南省信阳市浉河区浉河港镇夏家冲村

调 查 人：范宏伟
电　　话：13837639363
单　　位：河南省信阳农林学院

调查地点：河南省信阳市浉河区浉河港镇夏家冲村

地理数据：GPS数据（海拔：120m，经度：E113°53'58.2"，纬度：N32°03'19.8"）

生境信息

来源于当地，生长于坡地耕地，土壤为黏壤土，树龄为20年。

植物学信息

1. 植株情况

乔木，树势较弱，树姿半开张，树形半圆形；树高2.5m，冠幅东西3m、南北2m，干高0.8m，干周30cm；主干褐灰色，树皮丝状裂，枝条密度中。

2. 植物学特性

1年生枝绿色，有光泽，长度中等，平均节间长1.5cm，粗度中等；叶片长卵圆形，绿色，叶长6.73cm，宽3.26cm，基部楔形或阔楔形，尖端渐尖，有腺体，叶边锯齿圆钝；叶柄长1.21cm，带红色。花2～3朵并生；花梗长1～2cm；萼筒钟状，萼片长圆卵形，长约5mm；花瓣5片，白色，长倒卵圆形；花冠直径1.5～2.2cm；雌蕊1枚，柱头盘状，花柱比雄蕊稍长。

3. 果实性状

果实扁圆形，纵径2.97cm，横径3.2cm；平均果重17.6g，最大果重20g；果皮光滑，底色黄绿色，着彩色为紫红色，密被白色果粉；果顶凹，顶洼不明显，梗洼狭而深，蜡质层少，果梗短粗；果肉乳白色，质地致密，纤维少，汁液多，风味酸甜，香味较浓，核中等大小，离核，核不裂；可溶性固形物含量16.8%；品质中上。

4. 生物学习性

萌芽力强，发枝力中，主干生长势强。开始结果年龄栽后3～4年，进入盛果期年龄栽后6～7年；以花束状果枝和短果枝结果为主，中果枝20%，短果枝80%；全树坐果，坐果力强，生理落果少，采前落果少，产量中等，大小年不显著；萌芽期2月下旬，开花期3月下旬，果实采收期6月中旬，落叶期11月下旬。

品种评价

较丰产，抗旱抗寒力强，适应性较广。

植株

果实

石口李

Prunus salicina Lindl.'Shikouli'

调查编号：XIESXHCN012

所属树种：李 *Prunus salicina* Lindl.

提 供 人：洪成南
电　　话：15637832569
住　　址：湖南省郴州市宜章县五岭
　　　　　乡坳背村

调 查 人：谢深喜
电　　话：13875913408
单　　位：湖南农业大学

调查地点：湖南省郴州市宜章县五岭
　　　　　乡分水村石口

地理数据：GPS数据（海拔：283m，
　　　　　经度：E112°5945.69"，纬度：N25°3010.46"）

生境信息

来源于当地，生长于庭院，土壤为黏壤土，树龄为15年。现存1株。

植物学信息

1. 植株情况

树势较强，树形半圆形；树高2.6m，冠幅东西2.6m、南北2.5m，干高0.8m，干周35cm；主干褐色，树皮丝状裂，枝条密度中。

2. 植物学特性

1年生枝红褐色，有光泽，节间平均长1.85cm，平均粗0.8cm；皮孔大而稀，椭圆形，微凸，叶片绿色，长卵圆形，长9.78cm，宽4.36cm；叶柄长1.22cm，绿色；花2～3朵并生；花梗长1～2cm；萼筒钟状，萼片长圆卵形，长约5mm；花瓣5片，白色，长倒卵圆形；花冠直径1.5～2.2cm；雌蕊1枚，柱头盘状，花柱比雄蕊稍长。

3. 果实性状

果实卵圆形，纵径3.56cm，横径3.43cm，侧径3.21cm，平均果重24.6g；果皮着彩色为紫红色，缝合线不明显，两侧不对称；果顶尖圆，梗洼宽度中，深度中，不皱；果梗粗；果皮薄，茸毛少，蜡质层少，剥皮容易；果肉乳黄色，近核处玫瑰红色；果肉质地松软，纤维少，汁液多，风味甜酸，香味中，核不裂，半离核；可溶性固形物含量12.6%，可溶性糖含量6.5%，酸含量1.2%，每百克果肉中含有维生素C2.6mg；品质中。

4. 生物学习性

中心主干生长势较强，萌芽力弱，发枝力中，生长势强。树体中上部坐果，坐果力弱，生理落果中，采前落果少，产量中，大小年不显著。开始结果年龄栽后4年，进入盛果期年龄栽后6年；中果枝15%，短果枝85%；萌芽期3月下旬，开花期4月上旬，果实采收期7月下旬，落叶期11月中旬。

品种评价

丰产性一般，抗旱、耐贫瘠性强，适应性较广。

生境

生境

植株

枝条

香花李

Prunus salicina Lindl.'Xianghuali'

调查编号：XIESXHCN018

所属树种：李 *Prunus salicina* Lindl.

提 供 人：洪成南
电　　话：15637832569
住　　址：湖南省郴州市宜章县五岭
　　　　　乡坳背村

调 查 人：谢深喜
电　　话：13875913408
单　　位：湖南农业大学

调查地点：湖南省郴州市宜章县五岭
　　　　　乡坳背村

地理数据：GPS数据（海拔：274m，
经度：E113°00'33.32"，纬度：N25°31'20.17"）

生境信息

来源于当地，生长于荒坡地，土壤为黏壤土，树龄为15年。

植物学信息

1. 植株情况

乔木，树势中等，树姿直立，树形乱头形；树高3.8m，冠幅东西3.0m、南北2.9m，干高0.8m，干周62cm；主干褐色，树皮丝状裂，枝条密度中。

2. 植物学特性

1年生枝紫红色，无光泽，粗度中，皮孔椭圆形，数量中等，微凸；结果枝上叶芽数量多，花芽肥大，顶端圆锥形，着生角度分离，茸毛少；叶片长卵圆形，绿色，长8.76cm，宽3.45cm，基部楔形，叶尖渐尖，叶边锯齿锐状；叶柄带红色；花普通形，色泽浓，花瓣圆形，褶皱中多；花冠直径1.5～2.2cm；雌蕊1枚，柱头盘状，花柱比雄蕊稍长。雄蕊无茸毛，蜜盘褐黄色；萼片椭圆形，毛茸中多。

3. 果实性状

果实椭圆形或圆形，纵径4.02cm，横径4.06cm，侧径3.91cm；平均果重46.8g，最大果重52.6g；果皮底色为橙黄色，着彩色为玫瑰红色；缝合线不显著，两侧对称；果顶平齐，顶洼浅；果肉厚1.5cm，橙黄色，近核处同肉色；果肉质地松软，纤维少，汁液多，风味酸甜，香味淡，果核小，半离核，核不裂；可溶性固形物含量13.2%，可溶性糖含量7.6%，酸含量1.2%；品质上。

4. 生物学习性

萌芽力弱，发枝力弱，生长势中，中新梢生长量小。开始结果年龄栽后4年，盛果期年龄栽后6～7年；中果枝10%，短果枝90%；树体上部坐果，坐果力弱，生理落果中，采前落果少，产量中，大小年不显著。萌芽期3月下旬，开花期4月中旬，果实采收期7月中旬，落叶期11月中旬。

品种评价

较丰产，较耐贫瘠，抗病害力强，适应性较广。

生境

植株

叶片

芽

尉氏李1号

Prunus salicina Lindl.'Weishili 1'

调查编号: CAOSYWGF001

所属树种: 李 *Prunus salicina* Lindl.

提 供 人: 吴桂芳
电　　话: 15735236539
住　　址: 河南省开封市尉氏县城关镇

调 查 人: 李好先
电　　话: 13903834781
单　　位: 中国农业科学院郑州果树
　　　　　研究所

调查地点: 河南省开封市尉氏县城关镇
　　　　　梅庄村

地理数据: GPS数据（海拔：75m，
　　　　　经度：E114°11'52.11"，纬度：N34°24'42.66"）

生境信息

来源于当地，生长于山地，土壤为黏壤土，树龄为30年。

植物学信息

1. 植株情况

乔木，树势中庸，树姿半开张，树形圆锥形；树高3.4m，冠幅东西3.4m、南北3.2m，干高1.2m，干周42cm；主干褐色，树皮丝状裂，枝条较密。

2. 植物学特性

1年生枝红褐色，有光泽，节间平均长1.56cm，平均粗0.7cm；皮孔明显，椭圆形，微凸，稀疏；叶片绿色，倒卵圆形，长9.61cm，宽4.84cm；叶尖渐尖，叶基楔形；叶柄长1.06cm，绿色。花2～3朵并生；花梗长1～2cm；萼筒钟状，萼片长圆卵形，长约5mm；花瓣5片，白色，长倒卵圆形；花冠直径1.5～2.2cm；雌蕊1枚，柱头盘状，花柱比雄蕊稍长。

3. 果实性状

果实长圆形，纵径3.14cm，横径2.26cm，侧径2.98cm；平均果重24.7g，最大果重32.6g；果皮底色为浅绿色，着彩色为紫红色，分布有较密的白色果点；缝合线深而广，两侧不对称；果顶尖圆，顶注不明显；果肉厚0.5cm，颜色为橙黄色，近核处同肉色；果肉质地松软，纤维少，汁液少，风味酸甜，香味淡，果核中等大小，半离核，核不裂；可溶性固形物含量14.7%，溶性糖含量7.7%；酸含量1.1%；品质上。

4. 生物学习性

萌芽力强，发枝力强。栽后4年开始结果，6～7年生进入盛果期；以短果枝和花束状果枝结果为主，长果枝10%，中果枝10%，短果枝80%；全树坐果，坐果力弱，生理落果中，采前落果少，产量中，大小年不显著。萌芽期3月下旬，开花期4月中旬，果实采收期7月下旬，落叶期11月中旬。

品种评价

较丰产，较抗旱，耐贫瘠，适应性较广。

植株

結果狀

叶片

果實

信阳大鸡血李

Prunus salicina Lindl.'Xinyangdajixueli'

调查编号: CAOSYWY002

所属树种: 李 *Prunus salicina* Lindl.

提 供 人: 薛明海
电　　话: 18763538273
住　　址: 河南省信阳市北家湾

调 查 人: 王雨
电　　话: 13523053412
单　　位: 中国农业科学院郑州果树
研究所

调查地点: 河南省信阳市光山县砖桥
镇大李冲村

地理数据: GPS数据（海拔：73m,
经度：E114°58'18.53",纬度：N31°48'32.85"）

生境信息

来源于当地，生长于坡地，土壤为黏壤土，树龄为15年。

植物学信息

1. 植株情况

乔木，树势中等，有中心主干，骨干直，开展，树形圆头形；树高4.8m，冠幅东西4.2m、南北4.9m；主干灰褐色，树皮块状裂，枝条密度中。

2. 植物学特性

1年生枝紫红色，无光泽，节间长1.62cm；皮孔数量中，椭圆形；多年生枝条暗红褐色；叶片倒卵圆形，绿色，长4.5~6.5cm，宽2~4.4cm；叶尖渐尖，叶基楔形，叶边锯齿针状，齿尖无腺体；叶柄长1.4~2.1cm，背面带红色；花普通形，白色，花瓣长圆形，褶皱程度中；雄蕊粗度中，茸毛少，蜜盘褐黄色；萼片卵形，毛茸中，萼筒大小中。

3. 果实性状

果实椭圆形，平均果重36.2g；果皮底色为浅绿色，着彩色为紫红色，部分有斑；缝合线明显，两侧不对称；果顶尖圆，顶洼不明显，梗洼宽度中，深度浅，不皱；果梗粗，果皮厚度中，蜡质层少，剥皮容易；果肉浅绿色，近核处同肉色；果肉质地致密，韧，纤维中，汁液中，风味酸甜，香味中，果核小，不裂，离核；可溶性固形物含量13.3%，可溶性糖含量5.7%，酸含量1.6%，每百克果肉中含有维生素C4.0mg；品质中。

4. 生物学习性

萌芽力中，发枝力中，生长势中。以短果枝结果为主，中果枝10%，短果枝80%；全树坐果，坐果力中，生理落果中，采前落果中，产量低，大小年不显著。萌芽期3月下旬，开花期4月中旬，果实采收期8月上旬，落叶期11月中旬。

品种评价

产量不高，品质中等，较耐寒、耐旱，适应性广。

花

枝条

张耀圆紫李

Prunus salicina Lindl.'Zhangyaoyuanzili'

⬤ 调查编号：CAOSYSQ003

⬤ 所属树种：李 *Prunus salicina* Lindl.

⬤ 提 供 人：吴书恒
　 电　　话：18385677385
　 住　　址：河南省平顶山市宝丰县闹
　　　　　　店镇张耀庄

⬤ 调 查 人：孙乾
　 电　　话：18437986832
　 单　　位：中国农业科学院郑州果树
　　　　　　研究所

⬤ 调查地点：河南省平顶山市宝丰县闹
　　　　　　店镇张耀庄

⬤ 地理数据：GPS数据（海拔：312m，
　　　　　　经度：E113°14'10"，纬度：N33°51'07"）

🏷 生境信息

来源于当地，生长于庭院，土壤为黏壤土，树龄为30年。

📋 植物学信息

1. 植株情况

乔木，树势强，树姿直立，树形乱头形；树高3.5m，冠幅东西3.8m、南北3.2m，干高1.4cm，干周38cm；主干褐色，树皮块状裂，枝条较密。

2. 植物学特性

1年生枝褐绿色，有光泽，中等长度；皮孔较大，稀疏，椭圆形，平；花芽肥大，顶端圆锥形，着生角度分离，茸毛中；叶片长卵圆形，长9.5~10cm，宽2.8~3.0cm，叶边锯齿粗钝，齿尖无腺体；叶柄长1.0~1.5cm，带红色；花2~3朵并生；花梗长1~2cm；萼筒钟状，萼片长圆卵形，长约5mm；花瓣5片，白色，长倒卵圆形；花冠直径1.5~2.2cm；雌蕊1枚，柱头盘状，花柱比雄蕊稍长。

3. 果实性状

果实近圆形，纵径4.62cm，横径4.4cm，侧径4.92cm；平均果重48.2g，最大果重57.6g；果皮底色为乳黄色，着彩色为紫红色；缝合线较深，两侧对称；果顶下凹；果梗长；果皮表面蜡质厚；果肉乳黄色，近核处玫瑰红色；各部分成熟度不一致，果肉质地松软，纤维少，汁液少，风味酸甜，香味淡，离核；可溶性固形物含量11%~13%；品质中。

4. 生物学习性

萌芽力强，发枝力强，生长势中。3~4年开始结果，6~7年进入盛果期，以短果枝和花束状果枝结果为主，短果枝80%以上；树体中上部坐果，坐果力中，生理落果中，采前落果少；大小年不显著。萌芽期3月下旬，开花期4月中旬，果实采收期7月下旬，落叶期11月中旬。

📖 品种评价

较高产，较耐贫瘠，抗旱力一般，适应性较广。

植株

树干

叶片

果实

果实

刘庄贼不偷李

Prunus salicina Lindl. 'Liuzhuangzeibutouli'

调查编号：CAOSYLSH005

所属树种：李 *Prunus salicina* Lindl.

提供人：李文
电　话：15265632816
住　址：河南省郑州市二七区侯寨乡刘庄村

调查人：刘少华
电　话：18838933976
单　位：中国农业科学院郑州果树研究所

调查地点：河南省郑州市二七区侯寨乡刘庄村

地理数据：GPS数据（海拔：110.4m，经度：E113°35'15"，纬度：N34°41'51"）

生境信息

来源于当地，地形为田间的坡地，土壤为壤土，树龄为15年。

植物学信息

1. 植株情况

乔木，树势健壮，树姿半开展，树冠圆头形；树高4m，主干高1.2m，树皮灰褐色，块状裂，枝条密。

2. 植物学特性

1年生枝红褐色，有光泽，节间平均长1.85cm，平均粗0.8cm；叶片阔披针形，基部楔形，无皱，叶尖渐尖，叶边锯齿锐状，叶长8.5cm，宽3.7cm；叶柄长1.21cm，本色。花芽肥大，顶端圆锥形，着生角度分离，茸毛中；花2~3朵并生；花梗长1~2cm；萼筒钟状，萼片长圆卵形，长约5mm；花瓣5片，白色，长倒卵圆形；花冠直径1.5~2.2cm；雌蕊1枚，柱头盘状，花柱比雄蕊稍长。

3. 果实性状

果实卵圆形，纵径3.56cm，横径3.83cm，侧径2.51cm；平均果重26.5g，最大果重40.5g；果皮鲜红色；缝合线显著，两侧对称；果顶尖圆，顶洼不明显；果肉厚0.8cm，橙黄色，近核处同肉色；果肉质地松软，纤维少，汁液多，风味酸甜，香味淡，果肉汁液多，果核小，粘核；可溶性固形物含量16.8%；品质上。

4. 生物学习性

中心主干生长弱，萌芽力高，发枝力中。2~3年开始结果，4~5年进入盛果期；以短果枝和花束状果枝结果为主；全树坐果，坐果力中等，生理落果少，采前落果少，产量高，大小年不显著。萌芽期3月下旬，开花期4月上中旬，果实采收期7月中旬，落叶期11月下旬。

品种评价

丰产，优质，抗旱性强，适应性较广。

植株

叶片

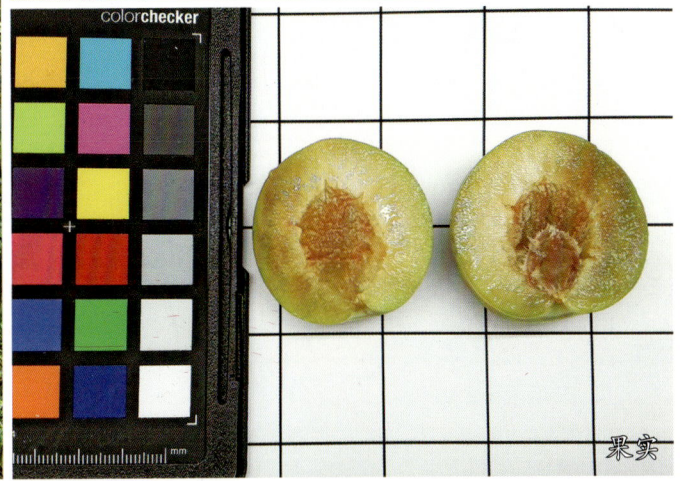

果实

果实

刘庄黄干核李

Prunus salicina Lindl.
'Liuzhuanghuangganheli'

調查编号：CAOSYLSH006

所属树种：李 *Prunus salicina* Lindl.

提 供 人：李文
电　　话：15265632816
住　　址：河南省郑州市二七区侯寨
　　　　　乡刘庄村

调 查 人：刘少华
电　　话：18838933976
单　　位：中国农业科学院郑州果树
　　　　　研究所

调查地点：河南省郑州市二七区侯寨
　　　　　乡刘庄村

地理数据：GPS数据（海拔：110.4m，
　　　　　经度：E113°35'15"，纬度：N34°41'51"）

生境信息

来源于当地，地形为田间的坡地，土壤为壤土，树龄为15年。

植物学信息

1. 植株情况

乔木，树势健壮，树姿半开张，树形近圆形；树高2.8m，冠幅东西3.2m、南北3.5m，干高44cm，干周49cm；主干灰褐色，树皮纵裂状，枝条密度中。

2. 植物学特性

1年生枝红褐色，有光泽；皮孔小而密，圆形，微凸；叶片倒卵圆形，长7.0~8.0cm，宽3.0~3.5cm，叶尖渐尖，叶基楔形，叶边锯齿细钝，齿尖有腺体；叶柄长1.0~1.5cm；花芽肥大，顶端圆锥形，着生角度分离，茸毛中；花2~3朵并生；花梗长1~2cm；萼筒钟状，萼片长圆卵形，长约5mm；花瓣5片，白色，长倒卵圆形；花冠直径1.5~2.2cm；雌蕊1枚，柱头盘状，花柱比雄蕊稍长。

3. 果实性状

果实圆形，纵径3.95cm，横径4.02cm，侧径4.12cm；平均果重37.5g，最大果重42.5g；果皮淡黄色，光滑无茸毛；缝合线不显著，两侧对称；果顶平齐，顶洼较浅、广；果梗细长；果肉黄色，厚1.2cm，近核处同肉色；果肉质地松软，纤维少，汁液多，风味酸甜，香味淡，果核小，离核；可溶性固形物含量13%；品质上。

4. 生物学习性

发枝力强，萌芽力高。3~4年开始结果，6~7年进入盛果期；以短果枝和花束状果枝结果为主；全树坐果，坐果力弱，生理落果多，采前落果多，产量中，大小年不显著。萌芽期3月中旬，开花期4月中旬，果实采收期7月中旬，落叶期11月上旬。

品种评价

品质优良，较丰产，耐旱性强，适应性较广。

植株

叶片

枝条

果实

马头口黄李

Prunus salicina Lindl. 'Matoukouhuangli'

调查编号： CAOSYFYZ032

所属树种： 李 *Prunus salicina* Lindl.

提 供 人： 姬玉栓
电　　话： 13938630498
住　　址： 河南省辉县市上八里镇马头口村

调 查 人： 冯玉增
电　　话： 13938630498
单　　位： 河南省开封市农林科学研究院

调查地点： 河南省辉县市上八里镇马头口村王完山庄旁

地理数据： GPS数据（海拔：458m，经度：E113°37'18"，纬度：N35°31'34"）

生境信息

来源于当地，生于庭院中，易受砍伐、盖房影响。地形为平地，土质为砂壤土，种植年限为20年左右，零星分布，现存10株。

植物学信息

1. 植株情况

乔木，树势强，树姿直立，树形半圆形，树高4.5m，平均冠幅5.5m，树龄为20年左右；主干灰褐色，树皮纵状裂，枝条密度中。

2. 植物学特性

1年生枝红褐色，有光泽，长度中等，节间平均长度1.5cm，粗度中等，平均粗1.1cm；叶片大小中等，平均长7.9cm，宽3.4cm，叶片厚度中等，叶柄长1.3cm，粗细中等，带红色；花铃形。

3. 果实性状

果实圆形，大，纵径5.1cm，横径5.2cm，侧径5.5cm，平均果重76.0g，最大果重96.0g，果面乳黄色，缝合线宽浅，缝合线两侧对称，果顶下凹，顶洼浅，梗洼深，不皱；果肉厚1.5cm，乳黄色，果肉质地致密，有韧度，纤维数量少，汁液中等，风味酸甜，香味中等，品质中等，核中等大小，粘核；可溶性固形物含量15.0%。

4. 生物学习性

萌芽力中等，发枝力较低，生长势强。栽后3～4年开始结果，5～6年进入盛果期；以短果枝和花束状果枝结果为主；全树坐果，坐果力弱，生理落果多，采前落果少，产量低，大小年不显著。萌芽期3月上旬，开花期4月下旬，果实采收期7月15日，落叶期11月上旬。

品种评价

耐贫瘠，抗病性强，适应性较广。

植株

叶片

果实

果实

果实

马头口灰李

Prunus salicina Lindl. 'Matoukouhuili'

调查编号： CAOSYFYZ033

所属树种： 李 *Prunus salicina* Lindl.

提 供 人： 姬玉栓
电　　话： 13938630498
住　　址： 河南省辉县市上八里镇马
　　　　　头口村

调 查 人： 冯玉增
电　　话： 13938630498
单　　位： 河南省开封市农林科学研
　　　　　究院

调查地点： 河南省辉县市上八里镇马
　　　　　头口村王完山庄旁

地理数据： GPS数据（海拔：462m，
　　　　　经度：E113°37'18"，纬度：N35°31'37"）

生境信息

来源于本地，生于庭院中，易受砍伐、盖房影响。地形为平地，土质为砂壤土，种植年限为20年左右，零星分布，现存3株。

植物学信息

1. 植株情况

乔木，树势强，树姿开展，树形半圆形，树高5.0m，平均冠幅5.0m；主干灰褐色，树皮纵状裂，枝条密度中。

2. 植物学特性

1年生枝红褐色，有光泽，长度中等，节间平均长度1.3cm，粗度中等，平均粗0.6cm；皮孔大而稀，白色，凸起，椭圆形；叶片长倒卵形，绿色，大小中等，平均长7.5cm，宽3.1cm，叶尖渐尖，叶基楔形，叶柄长1.3cm，粗细中等，带红色；花铃形。

3. 果实性状

果实圆形，大，纵径5.1cm，横径5.2cm，侧径5.5cm，平均果重76.0g，最大果重96.0g，果面乳黄色，缝合线两侧对称，果顶下凹，顶洼浅，梗洼中等、深，不皱；果肉厚1.5cm，乳黄色，果肉质地致密，有韧度，纤维数量少，汁液中等，风味酸甜，香味中等，品质中等，核中等大小，粘核；可溶性固形物含量15.0%。

4. 生物学习性

萌芽力中等，发枝力较低，生长势强。栽后3～4年开始结果，5～6年进入盛果期；以短果枝和花束状果枝结果为主；全树坐果，坐果力弱，生理落果多，采前落果少，产量低，大小年不显著。萌芽期3月上旬，开花期4月上旬，果实采收期7月15日，落叶期11月上旬。

品种评价

耐贫瘠，抗病性强，适应性较广。

植株

叶片

果实

果实

果实

马头口红李

Prunus salicina Lindl. 'Matoukouhongli'

○ 调查编号：CAOSYFYZ034

调 所属树种：李 *Prunus salicina* Lindl.

调 提 供 人：姬玉栓
电　　话：13938630498
住　　址：河南省辉县市上八里镇马
　　　　　头口村

调 调 查 人：冯玉增
电　　话：13938630498
单　　位：河南省开封市农林科学研
　　　　　究院

调 调查地点：河南省辉县市上八里镇马
　　　　　头口村王完山庄旁

调 地理数据：GPS数据（海拔：478m，
　　　　　经度：E113°37′18″，纬度：N35°31′31″）

生境信息

来源于本地，生于庭院中，易受砍伐、盖房影响。地形为平地，土质为砂壤土，种植年限为12年左右，零星分布，现存2株。

植物学信息

1. 植株情况

乔木，树势强，树姿较开展，树形半圆形，树高3.2m，平均冠幅4.0m；主干高90cm，灰褐色，树皮纵状裂，枝条密度中等。

2. 植物学特性

1年生枝红褐色，有光泽，长度中等，节间平均长1.4cm，粗度中等，平均粗0.7cm；皮孔灰白色，椭圆形，微凸，较大，稀疏；叶片长倒卵圆形，绿色，大小中等，平均长7.2cm，宽3.0cm，叶尖渐尖，叶基楔形，叶柄长1.2cm，粗细中等，叶柄带红色；花铃形。

3. 果实性状

果实扁圆形，中等大小，纵径3.5cm，横径4.1cm，侧径3.9cm，平均果重35.0g，最大果重42.0g，底色浅绿色，着彩色呈玫瑰红，有白色果点；缝合线宽浅，缝合线两侧对称，果顶平齐，顶洼无，梗洼狭浅，不皱；果梗短，果皮中等厚度，茸毛中等，剥皮困难，味微酸涩，果肉厚1.3cm，乳黄色，近核处同肉色，各部位成熟度一致，质地致密，有韧度，纤维数量少，汁液中等，风味酸甜，香味中等，品质上，核小，粘核，不裂；可溶性固形物含量14.6%。

4. 生物学习性

萌芽力中等，发枝力较低，生长势中。栽后3～4年开始结果，5～6年进入盛果期；以短果枝和花束状果枝结果为主；全树坐果，坐果力弱，生理落果多，采前落果少，产量低，大小年不显著。萌芽期3月上旬，开花期4月上旬，果实采收期7月15日左右，落叶期11月上旬。

品种评价

耐贫瘠，抗病性强，适应性较广。

植株

叶片

果实

果实

结果状

马头口黑李

Prunus salicina Lindl. 'Matoukouheili'

- 调查编号: CAOSYFYZ035

- 所属树种: 李 *Prunus salicina* Lindl.

- 提 供 人: 姬玉栓
  电　　话: 13938630498
  住　　址: 河南省辉县市上八里镇马头口村

- 调 查 人: 冯玉增
  电　　话: 13938630498
  单　　位: 河南省开封市农林科学研究院

- 调查地点: 河南省辉县市上八里镇马头口村王完山庄旁

- 地理数据: GPS数据（海拔: 482m, 经度: E113°37'18", 纬度: N35°31'21"）

生境信息

　　来源于本地，生于庭院中，易受砍伐、盖房影响。地形为平地，土质为砂壤土，种植年限为20年左右，现存1株。已收集到资源圃，小树3年生。

植物学信息

1. 植株情况

　　乔木，树势强，树姿直立，树形半圆形，树高4.5m，平均冠幅5.0m；主干灰褐色，树皮纵状裂，枝条较密。

2. 植物学特性

　　1年生枝红褐色，有光泽，长度中等，节间平均长1.5cm，粗度中等，平均粗0.5cm；皮孔明显，灰白色，微凸，椭圆形，分布较密，较小；叶片大小中等，平均长7.5cm，宽3.5cm，叶尖渐尖，叶基楔形或宽楔形，叶片开展，中等厚度，浅绿色，叶柄长1.3cm，粗细中等，带红色；花铃形。

3. 果实性状

　　果实圆形，中等大小，纵径3.3cm，横径3.2cm，侧径3.6cm，平均果重35.0g，最大果重42.0g，果面底色浅绿色，彩色呈玫瑰红，有细小白色果点；缝合线宽浅，缝合线两侧对称，果顶平圆，顶洼浅宽，梗洼狭浅，不皱；果梗短；果皮薄，茸毛中等，薄皮困难，果肉厚1.3cm，乳黄色，近核处紫红色，果肉各部位成熟度一致，质地致密，有韧度，纤维数量少，汁液中等，风味酸甜，香味中等，品质上，核小，粘核，不裂；可溶性固形物含量14.5%。

4. 生物学习性

　　萌芽力中等，发枝力较低，生长势强。栽后3~4年开始结果，5~6年进入盛果期；以短果枝和花束状果枝结果为主；全树坐果，坐果力中等，生理落果少，采前落果少，产量中，大小年不显著。萌芽期3月上旬，开花期3月下旬，果实采收期7月10日，落叶期11月上旬。

品种评价

　　味微酸涩；耐贫瘠，抗病性强，适应性较广。

植株

结果状

结果状

果实

果实

老爷庙李

Prunus salicina Lindl. 'Laoyemiaoli'

调查编号：CAOSYLYQ009

所属树种：李 *Prunus salicina* Lindl.

提 供 人：李永清
电　　话：13513222022
住　　址：河北省保定市阜平县林业局

调 查 人：李好先
电　　话：13903834781
单　　位：中国农业科学院郑州果树
　　　　　研究所

调查地点：河北省保定市阜平县吴王
　　　　　口乡银河村老爷庙

地理数据：GPS数据（海拔：1120m，
经度：E113°52′24″，纬度：N39°00′09″）

生境信息

来源于当地，生长于山地间，土壤为砂壤土，树龄为50年。

植物学信息

1. 植株情况

乔木，树势中等，树姿开张，树形乱头形；株型高大，树高6m，冠幅东西8m、南北5m，干高0.95m，干周60cm；主干褐色，树皮丝状裂，枝条密度中。

2. 植物学特性

1年生枝紫红色，无光泽，长度中，节间平均长2cm，粗度中，平均粗0.2cm；皮孔小，数量多，近圆形；结果枝上花芽数量中，花芽顶端钝尖形，着生角度中等，茸毛中；叶片倒卵圆形，浓绿色，长8cm，宽2cm，厚薄中，基部无褶缩，叶边锯齿针状；叶柄平均长1cm，带红色；花2～3朵并生；花梗长1～2cm；萼筒钟状，萼片长圆卵形，长约5mm。花瓣5片，白色，长倒卵圆形；花冠直径1.5～2.2cm；雌蕊1枚，柱头盘状，花柱比雄蕊稍长。

3. 果实性状

果实圆形，小，纵径2.313cm，横径2.296cm，侧径2.280cm；平均果重6.6g，最大果重7g；果皮绿黄色；缝合线不显著，两侧对称；果顶平圆，顶洼浅，梗洼狭而深；果肉厚0.684cm，浅绿色，近核处同肉色，果肉各部分成熟度一致，质地致密，纤维多，粗，汁液中，风味酸甜，香味中，品质中，核中等大小，苦仁，核不裂，粘核。

4. 生物学习性

中心主干弱，骨干枝生长势较强。开始结果年龄3～4年，进入盛果期年龄6～7年；全树坐果，坐果力弱，生理落果多，采前落果多，产量低，大小年不显著。萌芽期4月中旬，开花期4月上旬，果实采收期8月下旬，落叶期11月下旬。

品种评价

产量中等，品质中等，抗旱、耐瘠薄，适应性较广。

生境

植株

叶片

结果状

果实

参考文献

陈红, 杨迤然. 2014. 贵州李资源遗传多样性及亲缘关系的ISSR分析[J]. 果树学报, 31(2): 175-180.

陈庆宏. 1990. 湖北省李树优良品种资源[J]. 作物品种资源, (03): 41-42.

丁燕. 2008. 李离体繁殖及再生体系的建立[D]. 南京: 南京农业大学.

方智振, 周丹蓉, 姜翠翠. 2014. 李*Ran*基因的克隆与生物信息学分析[J]. 分子植物育种, 12 (4): 780-787.

方智振, 叶新福, 周丹蓉. 2016. '芙蓉李'转录组SSR信息分析与分子标记开发[J]. 果树学报, 33 (4): 416-424.

冯晨静. 2005. 李种质资源RAPD、SSR、ISSR亲缘关系鉴定及遗传多样性研究[D]. 保定: 河北农业大学.

郭庆勋, 张春雨, 王晶莹. 2010. 九台晚李*PGIP*基因的克隆及生物信息学分析[J]. 植物遗传资源学报, 11 (5): 650-653.

郭忠仁, 周义峰. 2008. 近10年来江苏省李研究与生产进展和展望[J]. 江苏农业科学, (2): 9-12.

何业华. 2014. 广东李种质资源的研究[A]. 中国园艺学会2014年学术年会论文摘要集[C]. 园艺学报, 1.

黄鹏. 2006. 李新品种——金吉李的选育[J]. 果树学报, (4): 654-655, 488.

李广平, 张长青, 章镇. 2009. 中国李pgip启动子的克隆及调控元件分析[J]. 园艺学报, 36(10): 1425-1430

李家福. 1983. 辽宁省李、杏地方优良品种[J]. 中国果树, (2): 22-24.

李顺望, 崔德珍, 熊兴耀. 1986. 湖南省李树良种资源初步研究[J]. 湖南农学院学报, (2): 57-65.

廖汝玉, 叶新福, 周丹蓉. 2014. 福建李资源现状及其利用价值分析[J]. 中国南方果树, 43(4): 101-103.

林培钧, 廖明康, 施丽. 1986. 新疆伊犁野生欧洲李*Prunus domestica* L. (*P. communis* Fritsch)的发现与分布(第一报)[J].
辽宁果树, (01): 6-8.

刘威生. 2005. 李种质资源遗传多样性及主要种间亲缘关系的研究[D]. 北京: 中国农业大学.

刘威生. 2010. 国家果树种质熊岳李杏圃[J]. 植物遗传资源学报, 11(1): 121.

罗福贤. 1996. 黔南山区李种质资源果实形态分类及开发利用[J]. 贵州农业科学, (3): 39-42.

吕雪, 王丽娟, 李春苗. 2014. 李杏远缘杂交胚抢救体系的建立[J]. 中国果树, (1): 21-24.

马锋旺, 李嘉瑞. 1999. 中国李原生质体培养及植株再生[J]. 西北农业大学学报, (3): 64-68.

牟蕴慧, 甄灿福, 周野. 2008. 李芽变新品种'龙园桃李'[J]. 园艺学报, (10): 1553.

牛庆霖, 苑克俊, 于婷娟. 2015. 山东省李产业发展现状研究[J]. 北方园艺, (18): 185-188.

孙猛, 刘威生, 刘宁. 2009. 国内外李育种研究概述[J]. 北方果树, (6): 1-3.

陶轶凡, 程彦星, 文泽富. 1989. 四川李树品种资源调查初报[J]. 四川果树科技, (1): 25-29.

王发林, 赵秀梅, 李红旭, 郝燕. 2003. 李、杏属间远缘杂交及杂种胚培养技术研究[J]. 果树学报, (2): 103-106.

王进, 何桥, 欧毅. 2008. 李种质资源ISSR鉴定及亲缘关系分析[J]. 果树学报, (2): 182-187.

王玉柱, 杨丽, 阎爱玲, 王淑凤. 2002. 李品种选育研究进展[J]. 果树学报, (5): 340-345.

韦发才, 陈香玲, 梁侠. 2010. 广西李种质资源及其生产现状[J]. 落叶果树, 42(4): 24-26.

温亮, 王中华, 霍雪梅. 2009. 李属植物叶片红色性状RAPD分子标记研究[J]. 河北农业大学学报, 32(4): 43-45.

徐秋红. 2009. 中国李果实软化相关基因的克隆及表达分析[D]. 南京: 南京农业大学.

杨红花. 2004. 李、杏属间远缘杂交及种质创新的研究[D]. 泰安: 山东农业大学.

姚延兴. 2011. 李离体再生体系的建立及愈伤组织分化相关microRNA分析[D]. 武汉: 华中农业大学.

郁香荷, 章秋平, 刘威生. 2011. 中国李种质资源形态性状和农艺性状的遗传多样性分析[J]. 植物遗传资源学报, 12(3): 402-407.

张冰冰, 刘慧涛, 杨静. 1997. 吉林省李属(*Prunus* L.)果树种质资源的研究[J]. 吉林农业科学, (3): 52-55.

张加延, 何跃. 2008. 李新品种'秋香李'[J]. 园艺学报, (11): 1712.

张加延. 1990a. 全国李与杏资源考察报告[J]. 中国果树, (4): 29-34.

张加延. 1990b. 杏属及李属新变种的鉴定[J]. 北方果树, (4): 17-18.

张加延. 2011a. 我国李杏种质资源利用和产业开发[J]. 园艺与种苗, (3): 1-6.

张加延. 2011b. 我国李杏种质资源调查研究的突破性进展[J]. 园艺与种苗, (2): 7-10.

张建国, 何方. 2003. 国外李在我国的引种栽培及研究概况[J]. 山西果树, (3): 30-32.

张陆阳. 2009. 李叶柄（叶片）离体培养与植株再生的研究[D]. 武汉: 华中农业大学.

张加延, 周恩. 1998. 中国果树志·李卷[M]. 北京: 中国林业出版社.

曾洪挺. 2012. 福建永泰主要李种质资源及其利用[J]. 中国果树, (6): 35-37.

左力辉, 韩志校, 梁海永. 2015. 不同产地中国李资源遗传多样性SSR分析[J]. 园艺学报, 42(1): 111-118.

附录一
各树种重点调查区域

树种	重点调查区域	
	区域	具体区域
石榴	西北区	新疆叶城，陕西临潼
	华东区	山东枣庄，江苏徐州，安徽怀远、淮北
	华中区	河南开封、郑州、封丘
	西南区	四川会理、攀枝花，云南巧家、蒙自，西藏山南、林芝、昌都
樱桃		河南伏牛山，陕西秦岭，湖南湘西，湖北神农架，江西井冈山等；其次是皖南，桂西北，闽北等地
核桃	东部沿海区	辽东半岛的丹东、庄河、瓦房店、普兰店、辽西地区，河北卢龙、抚宁、昌黎、遵化、涞水、易县、阜平、平山、赞皇、邢台、武安，北京平谷、密云、昌平，天津蓟县、宝坻、武清、宁河，山东长清、泰安、章丘、苍山、费县、青州、临朐，河南济源、林州、登封、濮阳、辉县、柘城、罗山、商城，安徽亳州、涡阳、砀山、萧县，江苏徐州、连云港
	西北区	山西太行、吕梁、左权、昔阳、临汾、黎城、平顺、阳泉，陕西长安、户县、眉县、宝鸡、渭北，甘肃陇南、天水、宁县、镇原、武威、张掖、酒泉、武都、康县、徽县、文县，青海民和、循化、化隆、互助、贵德，宁夏固原、灵武、中卫、青铜峡
	新疆区	和田、叶城、库车、阿克苏、温宿、乌什、莎车、吐鲁番、伊宁、霍城、新源、新和
	华中华南区	湖北郧县、郧西、竹溪、兴山、秭归、恩施、建始，湖南龙山、桑植、张家界、吉首、麻阳、怀化、城步、通道，广西都安、忻城、河池、靖西、那坡、田林、隆林
	西南区	云南漾濞、永平、云龙、大姚、南华、楚雄、昌宁、宝山、施甸、昭通、永善、鲁甸、维西、临沧、凤庆、会泽、丽江、贵州毕节、大方、威宁、赫章、织金、六盘水、安顺、息烽、遵义、桐梓、兴仁、普安，四川巴塘、西昌、九龙、盐源、德昌、会理、米易、盐边、高县、筠连、叙永、古蔺、南坪、茂县、理县、马尔康、金川、丹巴、康定、泸定、峨边、马边、平武、安州、江油、青川、剑阁
	西藏区	林芝、米林、朗县、加查、仁布、吉隆、聂拉木、亚东、错那、墨脱、丁青、贡觉、八宿、左贡、芒康、察隅、波密
板栗	华北	北京怀柔，天津蓟县，河北遵化、承德，辽宁凤城，山东费县，河南平桥、桐柏、林州，江苏徐州
	长江中下游	湖北罗田、京山、大悟、宜昌，安徽舒城、广德，浙江缙云，江苏宜兴、吴中、南京
	西北	甘肃南部，陕西渭河以南，四川北部，湖北西部，河南西部
	东南	浙江，江西东南部，福建建瓯、长汀，广东广州，广西阳朔，湖南中部
	西南	云南寻甸、宜良，贵州兴义、毕节、台江，四川会理，广西西北部，湖南西部
	东北	辽宁，吉林省南部
山楂	北方区	河南林县、辉县、新乡，山东临朐、沂水、安丘、潍坊、泰安、莱芜、青州，河北唐山、沧州、保定，辽宁鞍山、营口等地
	云贵高原区	云南昆明、江川、玉溪、通海、呈贡、昭通、曲靖、大理，广西田阳、田东、平果、百色，贵州毕节、大方、威宁、赫章、安顺、息烽、遵义、桐梓
柿	南方	广东五华、潮汕，福建安溪、永泰、仙游、大田、云霄、莆田、南安、龙海、漳浦、诏安，湖南祁阳
	华东	浙江杭州，江苏邳县，山东菏泽、益都、青岛
	北方	陕西富平、三原、临潼，河南荥阳、焦作、林州，河北赞皇，甘肃陇南，湖北罗田
枣	黄河中下游流域冲积土分布区	河北沧州、赞皇和阜平，河南新郑、内黄、灵宝，山东乐陵和庆云，陕西大荔，山西太谷、临猗和稷山，北京丰台和昌平，辽宁北票、建昌等
	黄土高原丘陵分布区	山西临县、柳林、石楼和永和，陕西佳县和延川
	西北干旱地带河谷丘陵分布区	甘肃敦煌、景泰，宁夏中卫、灵武，新疆喀什

树种	重点调查区域	
	区域	具体区域
李	东北区	黑龙江，吉林，辽宁，内蒙古东部
	华北区	河北，山东，山西，河南，北京，天津
	西北区	陕西，甘肃，青海，宁夏，新疆，内蒙古西部
	华东区	江苏，安徽，浙江，福建，台湾，上海
	华中区	湖北，湖南，江西
	华南区	广东，广西
	西南及西藏区	四川，贵州，云南，西藏
杏	华北温带区	北京，天津，河北，山东，山西，陕西，河南，江苏北部，安徽北部，辽宁南部，甘肃东南部
	西北干旱带区	新疆天山、伊犁河谷，甘肃秦岭西麓、子午岭、兴隆山区，宁夏贺兰山区，内蒙古大青山、乌拉山区
	东北寒带区	大兴安岭、小兴安岭和内蒙古与辽宁、吉林、华北各省交界的地区，黑龙江富锦、绥棱、齐齐哈尔
	热带亚热带区	江苏中部、南部，安徽南部，浙江，江西，湖北，湖南，广西
	西南高原区	西藏芒康、左贡、八宿、波密、加查、林芝，四川泸定、丹巴、汶川、茂县、西昌、米易、广元，贵州贵阳、惠水、盘州、开阳、黔西、毕节、赫章、金沙、桐梓、赤水，云南呈贡、昭通、曲靖、楚雄、建水、永善、祥云、蒙自
猕猴桃	重点资源省份	云南昭通、文山、红河、大理、怒江，广西龙胜、资源、全州、兴安、临桂、灌阳、三江、融水，江西武夷山、井冈山、幕阜山、庐山、石花尖、黄岗山、万龙山、麻姑山、武功山、三百山、军峰山、九岭山、官山、大茅山，湖北宜昌，陕西周至，甘肃武都，吉林延边
梨	辽西京郊地区	辽宁鞍山、海城、绥中、盘山，京郊大兴、怀柔、平谷、大厂
	云贵川地区	云南迪庆、丽江、红河、富源、昭通、思茅、大理、巍山、腾冲，贵州六盘水、河池、金沙、毕节、赫章、威宁、凯里，四川乐山、会理、盐源、昭觉、德昌、木里、阿坝、金川、小金、江油、汉源、攀枝花、达川、简阳
	新疆、西藏地区	库尔勒、喀什、和田、叶城、阿克苏、托克逊、林芝、日喀则、山南
	陕甘宁地区	延安、榆林、庆阳、张掖、酒泉、临夏、甘南、陇西、武威、固原、吴忠、西宁、民和、果洛
	广西地区	凭祥、百色、浦北、灌阳、灵川、博白、苍梧、来宾
桃	西北高旱区	新疆，陕西，甘肃，宁夏等地
	华北平原区	位于淮河、秦岭以北，包括北京、天津、河北大部、辽宁南部、山东、山西、河南大部、江苏和安徽北部
	长江流域区	江苏南部、浙江、上海、安徽南部、江西和湖南北部、湖北大部及成都平原、汉中盆地
	云贵高原区	云南、贵州和四川西南部
	青藏高原区	西藏、青海大部、四川西部
	东北高寒区	黑龙江海伦、绥棱、齐齐哈尔、哈尔滨，吉林通化和延边延吉、和龙、珲春一带
	华南亚热带区	福建、江西、湖南南部、广东、广西北部
苹果	东北区	辽宁铁岭、本溪，吉林公主岭、延边、通化，黑龙江东南部，内蒙古库伦、通辽、奈曼旗、宁城
	西北区	新疆伊犁、阿克苏、喀什，陕西铜川、白水、洛川，甘肃天水，青海循化、化隆、尖扎、贵德、民和、乐都，黄龙山区、秦岭山区
	渤海湾区	辽宁大连、普兰店、瓦房店、盖州、营口、葫芦岛、锦州，山东胶东半岛、临沂、潍坊、德州，河北张家口、承德、唐山，北京海淀、密云、昌平
	中部区	河南、江苏、安徽等省的黄河故道地区，秦岭北麓渭河两岸的河南西部、湖北西北部、山西南部
	西南高地区	四川阿坝、甘孜、凤县、茂县、小金、理县、康定、巴塘，云南昭通、宣威、红河、文山，贵州威宁、毕节，西藏昌都、加查、朗县、米林、林芝、墨脱等地
葡萄	冷凉区	甘肃河西走廊中西部，晋北，内蒙古土默川平原，东北中部及通化地区
	凉温区	河北桑洋河谷盆地，内蒙古西辽河平原，山西晋中、太古，甘肃河西走廊、武威地区，辽宁沈阳、鞍山地区
	中温区	内蒙古乌海地区，甘肃敦煌地区，辽南、辽西及河北昌黎地区，山东青岛、烟台地区，山西清徐地区
	暖温区	新疆哈密盆地，关中盆地及晋南运城地区，河北中部和南部
	炎热区	新疆吐鲁番盆地、和田地区、伊犁地区、喀什地区，黄河故道地区
	湿热区	湖南怀化地区，福建福安地区

附录二
各省（自治区、直辖市）主要调查树种

区划	省（自治区、直辖市）	主要落叶果树树种
华北	北京	苹果、梨、葡萄、杏、枣、桃、柿、李
	天津	板栗、李、杏、核桃
	河北	苹果、梨、枣、桃、核桃、山楂、葡萄、李、柿、板栗、樱桃
	山西	苹果、梨、枣、杏、葡萄、山楂、核桃、李、柿
	内蒙古	苹果、枣、李、葡萄
东北	辽宁	苹果、山楂、葡萄、枣、李、桃
	吉林	苹果、板栗、李、猕猴桃、桃
	黑龙江	苹果、板栗、李、桃
华东	上海	桃、李、樱桃
	江苏	桃、李、樱桃、梨、杏、枣、石榴、柿、板栗
	浙江	柿、梨、桃、枣、李、板栗
	安徽	梨、桃、石榴、樱桃、李、柿、板栗
	福建	葡萄、樱桃、李、柿子、桃、板栗
	江西	柿、梨、桃、李、猕猴桃、杏、板栗、樱桃
	山东	苹果、杏、梨、葡萄、枣、石榴、山楂、李、桃、板栗
华中	河南	枣、柿、梨、杏、葡萄、桃、板栗、核桃、山楂、樱桃、李
	湖北	樱桃、柿、李、猕猴桃、杏树、桃、板栗
	湖南	柿、樱桃、李、猕猴桃、桃、板栗
华南	广东	柿、李、杏、猕猴桃
	广西	樱桃、李、杏、猕猴桃
西南	重庆	梨、苹果、猕猴桃、石榴、板栗
	四川	梨、苹果、猕猴桃、石榴、桃、板栗、樱桃
	贵州	李、杏、猕猴桃、桃、板栗
	云南	石榴、李、杏、猕猴桃、桃、板栗
	西藏	苹果、桃、李、杏、猕猴桃、石榴
西北	陕西	苹果、杏、枣、梨、柿、石榴、桃、葡萄、樱桃、李、板栗
	甘肃	苹果、梨、桃、葡萄、枣、杏、柿、李、板栗
	青海	苹果、梨、核桃、桃、杏、枣
	宁夏	苹果、梨、枣、杏、葡萄、李、板栗
	新疆	葡萄、核桃、梨、桃、杏、石榴、李

附录三
工作路线

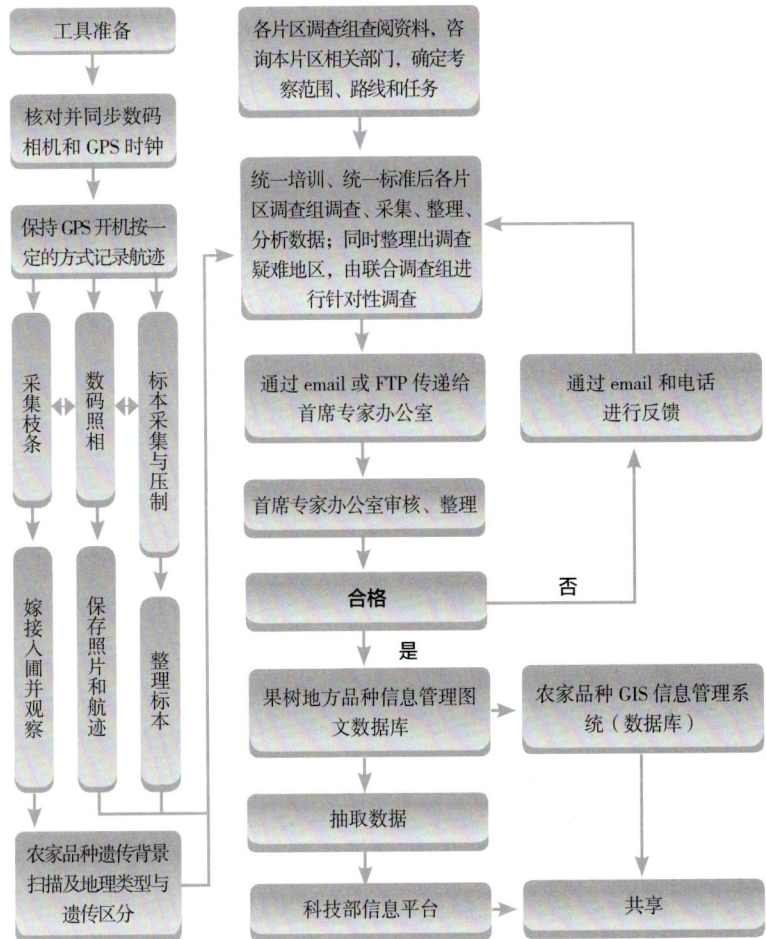

工作路线流程图：

工具准备
↓
核对并同步数码相机和 GPS 时钟
↓
保持 GPS 开机按一定的方式记录航迹
↓
采集枝条 ↔ 数码照相 ↔ 标本采集与压制
↓ ↓ ↓
嫁接入圃并观察　保存照片和航迹　整理标本
↓
农家品种遗传背景扫描及地理类型与遗传区分

各片区调查组查阅资料，咨询本片区相关部门，确定考察范围、路线和任务
↓
统一培训、统一标准后各片区调查组调查、采集、整理、分析数据；同时整理出调查疑难地区，由联合调查组进行针对性调查
↓
通过 email 或 FTP 传递给首席专家办公室　→　通过 email 和电话进行反馈
↓
首席专家办公室审核、整理
↓
合格　—否→
↓是
果树地方品种信息管理图文数据库　→　农家品种 GIS 信息管理系统（数据库）
↓
抽取数据
↓
科技部信息平台　　共享

附录四
工作流程

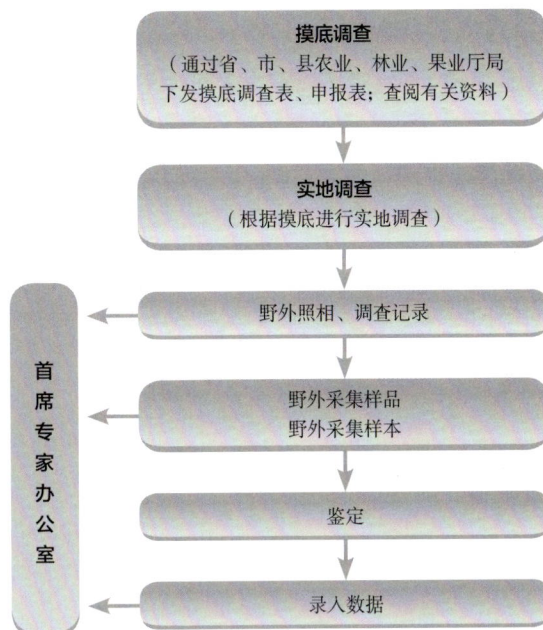

工作流程流程图：

摸底调查（通过省、市、县农业、林业、果业厅局下发摸底调查表、申报表；查阅有关资料）
↓
实地调查（根据摸底进行实地调查）
↓
野外照相、调查记录
↓
野外采集样品 野外采集样本
↓
鉴定
↓
录入数据

（左侧纵向）首席专家办公室

李品种中文名索引

李品种调查编号索引